植物生理学模块实验指导

李　玲　主编

李娘辉　蒋素梅　冷佳奕　王小菁　副主编

科 学 出 版 社

北　京

内 容 简 介

本书以专题形式安排了14个综合性模块实验，编入实验项目64项，涵盖植物生理学的主要基础方法。通过流程图与文字讲述每个模块实验的基本过程，达到操作过程直观、重点提示清晰的效果。同时介绍了实验材料的选择、实验数据的统计分析以及撰写实验论文的方法，列举了17个反映植物生理学研究主题、适合培养设计能力的模块实验题目，使读者在加深植物生理学基本理论的同时，强化植物生理学实验技能训练，培养科学素养和增强解决问题的能力。

本书适合师范院校、农林院校和综合性大学植物生理学实验教学使用，同时可供相关专业学生毕业论文实践及有关教师和科研工作者参考使用。

图书在版编目(CIP)数据

植物生理学模块实验指导/李玲主编. —北京：科学出版社，2009
ISBN 978-7-03-023053-9

Ⅰ. 植… Ⅱ. 李… Ⅲ. 植物生理学-实验-指南 Ⅳ. Q945-33

中国版本图书馆CIP数据核字(2008)第147620号

责任编辑：罗 静 王 静 刘 晶/责任校对：朱光光
责任印制：吴兆东/封面设计：耕者设计工作室

科学出版社出版
北京东黄城根北街16号
邮政编码：100717
http://www.sciencep.com
北京厚诚则铭印刷科技有限公司印刷
科学出版社发行 各地新华书店经销
*
2009年1月第 一 版 开本：787×1092 1/16
2024年7月第十二次印刷 印张：11 1/2
字数：259 000

定价：50.00元

(如有印装质量问题，我社负责调换)

前　言

为适应我国高等教育改革与发展，加强实验教学和操作环节，抓好综合性和创新性实验，大力培养学生实践能力，是落实教育部“高等学校教学质量与教学改革工程”、培养创新人才需采取的重要措施。随着生命科学的发展，对于当前具有创新能力的生命科学领域人才的培养而言，除了要求具有熟练掌握现代生物技术的能力之外，还要具有运用整体知识进行综合研究的创新能力。

植物生理学是一门实验学科，其研究技术发展迅速，与其他学科交叉性强。近年来，许多高等院校的植物生理学实验课程，以培养学生的实践和创新能力为重点，开设了综合实验，以加强植物生理学实验技术的基本操作和技能的训练及培养，提高学生的操作能力、独立工作能力、分析能力和创新能力。

模块实验则是以探讨问题为主线，将相关的若干个实验内容形成独立的研究专题，这样就强化了实验内容的相关性、完整性，使学生在科学态度、实验技能、独立工作能力方面获得初步的训练。基于植物生理学学科发展的规律和人才培养的理念，本书以形式新颖、图解清晰、注重启迪为特色，组合综合性的模块实验教学内容，提供开展设计性实验、开发学生“创造性思维和能力”的实验平台。

本书是一本满足模块实验教学、指导学生自主参与实验过程的实验教材，具有以下特点。

(1) 在经典的实验方法的基础上，结合现代生物技术，以专题形式编写安排 14 个综合性模块实验，依次为：植物细胞生理，矿质元素的作用，种子生理，光合和呼吸代谢温度和光对开花的影响，果实品质分析，植物组织培养，植物光抑制，逆境对植物组织的伤害，自由基清除，生长物质对切花保鲜的作用，调节不定根的发生，发根农杆菌对植物的遗传转化以及目的基因的表达。编入实验项目 64 项，覆盖植物生理学的主要基础方法，涉及的技术有细胞周期测定技术、遗传转化技术、组织培养方法、气相色谱分析技术以及原子吸收分光光度计方法等。

(2) 通过流程图与文字讲述每个模块实验的基本过程，达到操作过程直观、重点提示清晰的效果。有些模块编写了“注意事项与建议”、“实验拓展”、“思考题”，帮助学生理解实验原理，提高学生分析问题、解决问题的能力。

(3) 利用不同实验技术和方法的独立性及相关性进行内容组合，开展植物生理学实验教学的综合训练，使学生进一步掌握探讨某个主题各方法之间的有机联系。这样的训练不仅提高了学生对做实验的兴趣，同时启发了学生对实验方案综合设计的研究思路，以此来提高学生综合掌握和运用实验技术的能力，努力实现“融加强基础与创新能力于一体”的实验教学目标。

(4) 强化“综合性、设计性实验”的设计、操作与论文撰写的训练。介绍了实验材料的选择与样品提取、实验数据的统计分析以及如何撰写实验论文的方法，列举了 17 个反映植物生理学研究热点和可持续发展、适合培养学生设计性能力的综合性题目。

在具体的实验教学中，组合的实验内容多少、难易程度，应根据教学单位、教学计划和教学安排来进行。

我们认为实验课对于学生来说，既是学习的过程，也是独立思考和发展自身创新潜能的过程。近年来，我们采用模块实验教学方法进行实验教学（教学安排集中在一天时间，教师指导学生独立完成试剂的配制、材料的培养与处理、实验条件的比较优化等过去由教师准备的所有过程），使学生真正学到方法又提高能力，并能感受到实验成功的喜悦，因此受到学生的欢迎。应该说，本书介绍的内容与模块教学方法，体现了植物生理学教学团队近年实验教学的改革与实践。

本书由集体合编，模块 1 由冷佳奕和刘媛执笔，模块 2 由李娘辉、蒋素酶、冷佳奕、罗刚跃执笔，模块 3 由黄胜琴执笔，模块 4 和 16 由冷佳奕执笔，模块 5、14 由张盛春和王小菁执笔，模块 6 由蒋素梅和黄群声执笔，模块 7、12 、17 由李玲执笔，模块 8 由彭长连执笔，模块 9 由蒋素梅、黄群声和许传俊执笔，横块 10 由黄群声和李玲执笔，模块 13 由施和平执笔，模块 11 由李玲、王小菁和许传俊执笔，模块 15 由黄群声执笔，模块 18 由李玲、冷佳奕、王小菁和蒋素梅执笔，附录由蒋素梅和李玲编辑。全书由李玲统稿。蒋素梅对本书进行整理与校阅。

最后，我们要衷心感谢广东省教育厅和华南师范大学对植物生理学实验教学改革的支持，感谢科学出版社给予的帮助和指导。感谢方展强教授、罗刚跃讲师、李海航教授和王金祥副教授等对本书的某些内容进行了审阅，并提出了中肯的意见。

由于编者水平有限，加之植物生理学是一门发展迅速的学科，本书中的缺陷和错误在所难免，欢迎专家和读者指正。

编　者

2008 年 10 月于华南师范大学

目　　录

模块 1　植物细胞生理

【模块实验目的】

植物细胞是植物体的基本单位，也是器官发生和形态建成的基础。研究植物的生长发育，需要了解细胞数目、细胞大小和形态变化，认识细胞周期的规律。本模块实验将介绍这些研究方法。

【流程图】

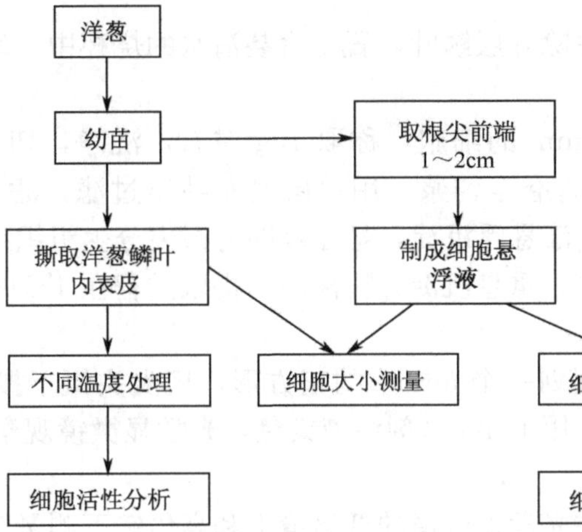

1-1　细胞大小测定

Ⅰ　制作临时装片法

［实验目的］

1. 观察洋葱不同组织细胞的形态与大小，掌握测定植物细胞大小的方法。

2. 掌握普通光学显微镜及测微尺的使用方法。

［实验原理］

用目镜测微尺和镜台测微尺测量细胞的大小。镜台测微尺是中央部分刻有精确等分线的载玻片。一般将 1mm 等分为 100 格（或 2mm 等分为 200 格），每格长度为 0.01mm（即 10μm），用于校正目镜测微尺每格长度。目镜测微尺是一块可放在接目镜内的隔板上的圆形小玻片，其中央有精确的刻度，有等分 50 小格或 100 小格两种，每 5 小格间有一长线相隔。由于所用接目镜放大倍数和接物镜放大倍数的不同，目镜测微尺每小格所代表的实际长度也就不同，因此，在使用前必须用镜台测微尺进行校正，以求得在一定放大倍数的接目镜和接物镜下该目镜测微尺每小格的相对值，用来测量细胞的大小。

［器材与试剂］

1. 实验仪器与用具

台式离心机、目镜测微尺、镜台测微尺、显微镜、医用（尖嘴）镊子、擦镜纸

2. 实验试剂

I_2-KI 试剂：取碘 0.5g 与碘化钾 1.5g，加水定容至 25ml。

STN 液：将 137g 蔗糖、3.58g 三羟甲基甘氨酸（tricine）和 0.58g NaCl 溶于 800ml 水中，用 NaOH 溶液调至 pH7.8，加水定容至 1000ml。置 4℃冰箱备用。

3. 实验材料

洋葱

［实验步骤］

1. 洋葱根尖细胞制备

（1）剪去洋葱的老根，去除外层鳞叶，置于盛装清水的烧杯中，培养一周左右，不定根长到 2cm 时可用。

（2）选取根尖前部 1～2mm 的细胞，称取 10g 左右，洗净，切碎，放入研钵中，加入 50ml 预冷的 STN 液，研磨至匀浆。用单层尼龙纱布过滤，滤液 500r/min 离心 30s。去上层液，用少量 STN 液悬浮沉淀，悬浮液即为根尖分生组织细胞。如果第一次离心后，沉淀中细胞碎片较多，重悬沉淀并再离心。提取过程在 4℃进行。

2. 洋葱内表皮细胞的制备

取洋葱鳞茎，在内表皮上划一个 $5mm^2$ 的正方形，用尖头镊子撕取内表皮置于滴有蒸馏水的载玻片上，展平，用 I_2-KI 试剂溶液染色，光学显微镜观察细胞形态。

3. 测定细胞大小

（1）用目镜测微尺分别在光学显微镜的低倍镜下和高倍镜下测量镜台测微尺，从而算出所用显微镜中目镜测微尺每格所代表的实际长度。

（2）用目镜测微尺测量细胞的长径和短径。每个材料统计 10 个以上细胞。

4. 观察细胞形态

将细胞悬浮液滴在载玻片上，用光学显微镜观察细胞的形态；或用 I_2-KI 试剂溶液染色后，观察细胞的形态。

［实验作业］

1. 根据测量洋葱鳞叶表皮细胞和根尖分生组织细胞的结果，填写表格。

部位	细胞大小(长×宽)										细胞形态
	1	2	3	4	5	6	7	8	9	10	
表皮细胞											
根尖细胞											

2. 比较洋葱鳞叶表皮细胞和根尖分生组织细胞的形状和大小，并说明原因。

Ⅱ　琼脂糖印迹法测定

［实验目的］

了解琼脂糖印迹法测定植物叶片表皮细胞大小和数目。

［实验原理］

在植物叶片的表面覆盖适量琼脂糖，胶体干后，其上印有叶片表皮组织各细胞的界迹边痕及气孔结构。用显微镜可以直接观察，测定植物叶片表皮细胞的大小和数目。

［器材与试剂］

1. 实验仪器与用具

显微镜（OLYMPUS-BX51）

2. 实验试剂

福尔马林-乙酸-乙醇固定液（FAA）：90ml 50％或 70％乙醇与 5ml 冰乙酸和 5ml 37％～40％甲醛混合。

1.5％琼脂糖：称取 1.5g 琼脂糖（Bio Basic Inc. 公司产品）溶于 100ml 双蒸水中，滴入 3～5 滴 1％番红乙醇染液使琼脂糖着色，反复煮沸 2 或 3 次，使琼脂糖完全溶解。

双蒸水、1％番红乙醇染液（或 1％孔雀石绿染液）、福尔马林（37％～40％甲醛）

3. 实验材料

洋葱、水稻、蝴蝶兰等植物叶片，以及非洲菊的舌状花花瓣

［实验步骤］

1. 固定

将植物叶片表皮置于 FAA 中固定 24h。

2. 包埋

取 1 张滤纸，粘有双面胶，从固定液中取出植物材料，用吸水纸吸干水分后，粘在双面胶上，展平，放入培养皿中。将冷却至 50～60℃的琼脂糖倒入培养皿中，淹没材料，静置待其凝固（图 1-1）。

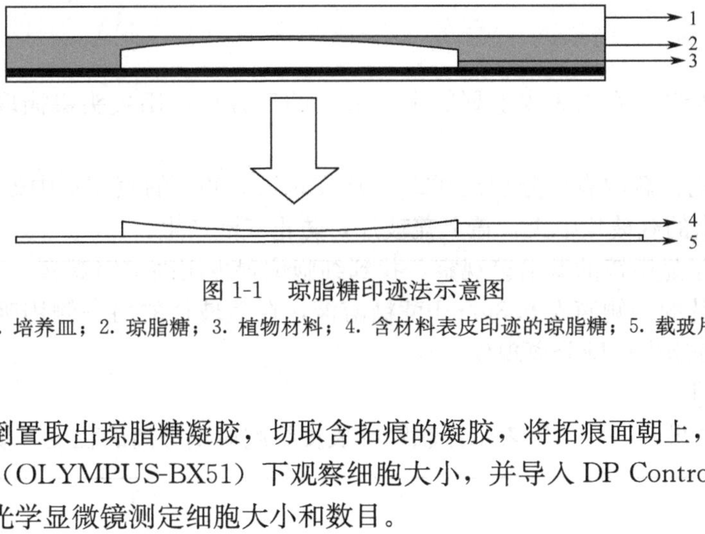

图 1-1　琼脂糖印迹法示意图

1. 培养皿；2. 琼脂糖；3. 植物材料；4. 含材料表皮印迹的琼脂糖；5. 载玻片

3. 制片

将培养皿倒置取出琼脂糖凝胶，切取含拓痕的凝胶，将拓痕面朝上，放置在载玻片上，在显微镜（OLYMPUS-BX51）下观察细胞大小，并导入 DP Controller 系统拍照，也可以用普通光学显微镜测定细胞大小和数目。

［实验作业］

观察实验材料的叶片表皮细胞，绘制细胞形态，测定细胞大小。

［注意事项］

固定时间可以根据植物材料的幼嫩程度做相应调整，一般固定 24h。

［思考题］

与制作临时装片的方法相比，琼脂糖印迹法测定有何优缺点？

［参考文献］

吴杰，梁敏婷，王小菁等．2008. 琼脂糖印迹法：观察植物表皮细胞的一种简易方法．植物学通报，25(3)：332～336

1-2　细胞活性检测

［实验目的］

掌握用质壁分离法检测植物细胞活性（质壁分离法）的方法。

［实验原理］

植物细胞膜有选择透过性。当植物细胞处于高渗溶液中时，细胞内液渗出，整个原生质体缩小，细胞膜逐渐与细胞壁脱离，产生质壁分离。若将已经发生质壁分离的细胞再移入低渗溶液或水中，水重新进入细胞，原生质体逐渐恢复原状，即质壁分离复原。质壁分离实验可检测植物细胞发生渗透作用的情况，当选择透过性膜失去其功能时，不发生质壁分离现象，所以可用这种方法判断细胞的活性。

［器材与试剂］

1. 实验仪器与用具

显微镜、温度计、刀片、探针、医用（尖嘴）镊子、滴管、载玻片、盖玻片、吸水纸

2. 实验试剂

0.3g/ml 蔗糖溶液

3. 实验材料

洋葱

［实验步骤］

1. 取洋葱鳞叶，在内表皮上划数个 5mm^2 的正方形，用尖头镊撕取切片，置于蒸馏水中备用。

2. 将撕取的洋葱内表皮分别在 0℃、30℃、60℃、90℃的蒸馏水中处理 5min，平展放在滴有蒸馏水的载玻片中央，盖上盖玻片，防止气泡产生。

3. 先用光学显微镜的低倍镜观察，找到细胞位置再用高倍镜观察。

4. 从盖玻片的一侧滴入 0.3g/ml 蔗糖溶液，在盖玻片的另一侧用吸水纸吸引，重复几次，观察细胞中质壁分离现象。

［实验作业］

观察实验结果，以“＋”表示洋葱鳞叶表皮细胞质壁分离的程度，填写表格。

温度	0℃	30℃	60℃	90℃
质壁分离程度				

［思考题］

除细胞质壁分离法外，常用于判断植物细胞活性的方法还有哪些？各种方法有何特点？

1-3　植物细胞周期测定

［实验目的］

了解流式细胞仪的工作原理及仪器构造；掌握利用流式细胞仪检测细胞周期的实验方法。

［实验原理］

在植物细胞周期（G_0，G_1，S，G_2，M）的各个时期，DNA 的含量随各时相呈现出周期性的变化：在 G_1 期，细胞开始 RNA 和蛋白质的合成，但 DNA 仍保持二倍体；进入 S 期后，DNA 开始合成，这时细胞核内 DNA 的含量介于 G_1 和 G_2 期之间；当 DNA 复制结束成为四倍体时，细胞进入 G_2 期，G_2 期细胞继续合成 RNA 及蛋白质，直到进入 M 期，因此，单纯根据 DNA 含量无法区分 G_2 期和 M 期；一旦有丝分裂发生，细胞分裂成两个子细胞，这两个子细胞或者进入下一个细胞周期，或者进入静止期（G_0 期），而从 DNA 含量上 G_0 期同样无法与 G_1 期区分。因此，单纯从 DNA 含量来划分，整个复制周期可以分为 G_0/G_1、S、G_2/M 期。通过核酸染料标记 DNA，并用流式细胞仪进行分析，可以得到细胞各个时期的分布状态，计算出（G_0/G_1）%、S% 及（G_2/M）%，便可了解细胞的增殖情况。

碘化丙啶（propidium iodide，PI）是最常用的核酸染料之一，它可以嵌入双链 DNA 和 RNA 的碱基对中与之结合并发出特定波长的荧光。采用 RNA 酶将 RNA 去除后，通过流式细胞术检测到的 PI 荧光强度与细胞内的 DNA 含量成正比，便可区分不同时期的细胞。

流式细胞术检测的对象是单个细胞或者单个细胞核的悬液，由于植物细胞有细胞壁，所以需要提取植物细胞原生质体，制备成单细胞悬液。把植物组织分散为单细胞的方法有机械法、酶处理法、化学试剂处理法和表面活性剂处理法。本实验介绍用机械法制备单细胞悬液。

［器材与试剂］

1. 实验仪器与用具

流式细胞仪（FACS Calibur，美国 Becton Dickinson 产品）、低速台式离心机、研钵、100 目尼龙纱布、200 目滤网

2. 实验试剂

STN 液（蔗糖 0.4mol/L，Tricine 20mmol/L pH7.8，NaCl 10mmol/L）：将 137g 蔗糖、3.58g Tricine（三羟甲基甘氨酸）、0.58g NaCl 溶于约 800ml 水中，用 NaOH 溶液调至 pH7.8，加水定容至 1000ml。置 4℃冰箱中备用。

磷酸缓冲液（PBS）：8g NaCl、0.2g KCl、0.2g KH_2PO_4、1.15g Na_2HPO_4、蒸馏水定容至 1000ml，pH7.4。置 4℃冰箱中备用。

染色液：含有 50μg/ml 碘化丙啶、20μg/ml RNase A、0.5%Triton X-100 的 PBS；0.1%柠檬酸钠。

0.02%双乙酸酯

3. 实验材料

洋葱根尖分生区和叶片

［实验步骤］

1. 单细胞悬液的制备

（1）分别选取洋葱根尖分生区和伸长区 10g 左右，洗净，切碎，放入研钵中，加入 50ml 预冷的 STN 液，研磨至匀浆。

（2）匀浆液用 100 目的单层尼龙纱布过滤，滤液于 500r/min 离心 30s。去上清，用少量 STN 液悬浮沉淀，即可获得单细胞悬液。如果第一次离心后，沉淀中细胞碎片较多，可再悬浮离心一次。提取过程在 4℃下进行。

（3）利用细胞计数板，计算细胞悬液的浓度，并将细胞浓度调整为 10^6 个/ml。

2. 样品的制备

（1）取 500μl 单细胞悬液，3000r/min 离心 10min，去上清。

（2）加入 500μl PBS 重悬沉淀，再次以 3000r/min 离心 10min，去上清。

（3）用 150μl PBS 重悬细胞，将细胞逐滴加入 350μl 预冷的无水乙醇中，乙醇终浓度为 70%，4℃避光固定过夜。

（4）3000r/min 离心 10min，去上清。

（5）PBS 清洗两次。

（6）重悬细胞于 500μl 含 PI 的染色液中，避光孵育 30min。

（7）以 200 目滤网过滤，收集滤液至流式专用管。

3. 流式细胞仪检测

（1）预备实验——仪器参数和周期区域的确定：打开 Cellquest 软件，选取 FL2-A 为检测通道，以 PI 在 FL2-A 的荧光强度为横坐标，细胞数量为纵坐标作直方图（图 1-2）。取洋葱分生区的细胞样品进行预实验，调整 FL2 的电压和 FL2-A 电流，使 G_0/G_1 期峰调节到适当位置，G_2/M 期峰平均荧光量约为 G_0/G_1 期峰的 1.95～2.05 倍，并确保变异系数（coefficient of variation，CV 值）≤3%。确定 G_0/G_1 期、S 期和 G_2/M 期的区域，以标尺划定。

（2）测定：将处理好的洋葱伸长区和分生区的样品（不少于 200μl）分别上样，每个样品测定 10 000 个细胞，根据确定好的区域，利用 Cellquest 软件分析 G_0/G_1、S 及 G_2/M 三个区域中细胞所占的百分比。

［实验作业］

以 FL2-A 荧光强度（线性放大）为横坐标，细胞数量为纵坐标，参照图 1-2，绘制洋葱根尖分生区和伸长区的细胞直方图，分析比较洋葱根尖分生区和伸长区的细胞增殖情况。

［注意事项］

荧光染料为剧毒物质，整个实验过程中要戴一次性手套。

［思考题］

1. 测定细胞周期的方法还有哪些？各有什么优缺点？

2. 用乙醇固定细胞的目的是什么？

3. 利用流式细胞术检测细胞的 DNA 含量，还能分析哪些指标？

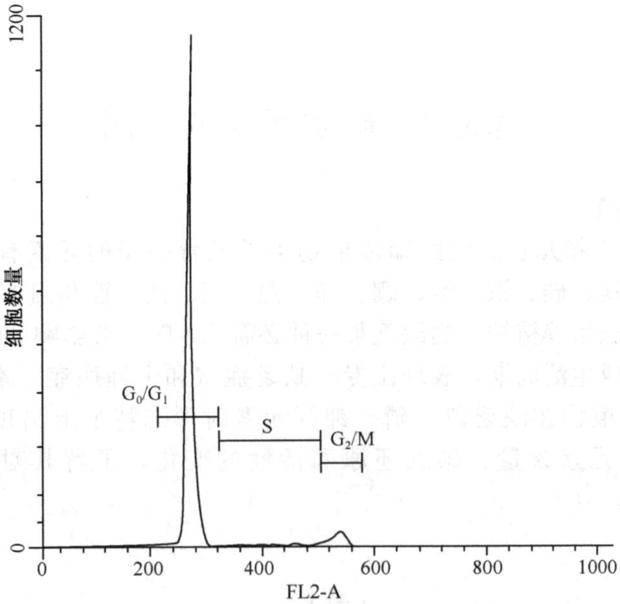

图 1-2　细胞周期 PI 染色直方图（Sequeira，1996）

［参考文献］

宋平根，李素文 . 1992. 流式细胞术的原理和应用 . 北京：北京师范大学出版社

Sequeira T，Tavarest D，Arala-Chaves M. 1996. Evidence for circulating hemocyte proliferation in the shrimp *Penaeus japonicus*. Developmental and Comparative Immunology，20：97～104

模块 2　矿质元素的作用

【模块实验目的】

植物生长需要营养元素。已经知道植物生长发育必需的元素有碳、氢、氧、氮、磷、钾、硫、钙、镁、硅、铁、锰、硼、锌、铜、钼、钠、镍和氯等 19 种。利用溶液培养法或砂基培养法培养植株，当缺乏某一种必需元素时，会影响植物的生长发育，使植物不能正常地完成生活周期，表现出专一缺乏症状和生理病症。本模块实验通过溶液培养方法，了解植物在缺乏氮、磷、钾等元素时形态特征上出现的症状，进一步分析植物体内矿质元素含量、硝酸还原酶活性的变化，了解其对植物生长发育的影响。

【流程图】

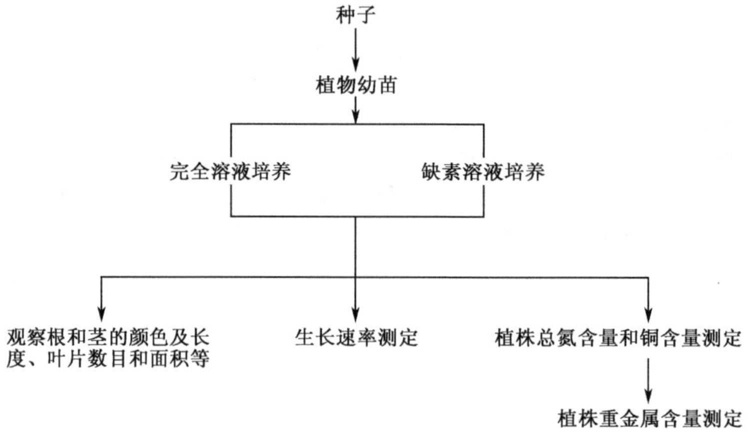

2-1　缺 素 培 养

［实验目的］

1. 学习配制溶液培养原液，利用原液配制完全培养液和缺素培养液的方法。

2. 了解验证矿质元素生理功能的原理与方法。

［实验原理］

应用溶液培养方法，可人为地控制植物生长所需的营养元素，研究植物生长对矿质元素的需求和矿质元素在植物生长发育过程中的作用。当植物生长在缺乏某元素的土壤（溶液）中时，植物的生长发育受到影响，表现出专一缺乏症。本实验使用完全培养液和缺素培养液培养植物，观察植物的生长情况。当使用完全培养液培养植物时，植物正常生长；当使用缺氮、缺磷、缺钾、缺钙、缺镁、缺硫、缺铁等缺素培养液培养植物时，植物生长均不正常，可证明必需营养元素对植物生长的重要性和必要性。

［器材与试剂］

1. 实验仪器与用具

医用天平、电子天平、培养缸或培养容器、烧杯、量筒、移液管、洗耳球、角匙、玻璃棒

2. 实验试剂

KNO_3、$Ca(NO_3)_2 \cdot 4H_2O$、$NH_4H_2PO_4$、$MgSO_4 \cdot 7H_2O$、$CaCl_2$、KCl、H_3BO_3、$MnSO_4 \cdot H_2O$、$ZnSO_4 \cdot 7H_2O$、$CuSO_4 \cdot 5H_2O$、H_2MoO_4、NaFeDTPA(10% Fe)、$NiSO_4 \cdot 6H_2O$、$Na_2SiO_3 \cdot 9H_2O$

3. 实验材料

玉米或番茄

［实验步骤］

1. 培养幼苗

将玉米种子用水浸泡 24h，或番茄种子浸泡 1h，充分吸胀后，播于干净的湿沙中，温室（28℃）或室外培养。当幼苗长到 7～8cm 时，选择生长势相同的植株进行溶液培养。

2. 按照表 2-1 配制 100ml 大量元素原液（1000mmol/L）、100ml 各种微量元素原液、50ml $NiSO_4 \cdot 6H_2O$ 原液（0.25mmol/L）和 50ml $Na_2SiO_3 \cdot 9H_2O$ 原液（1000mmol/L）。

表 2-1　配制培养液原液和 1L 培养液的吸取用量

试剂名称	分子质量 g/mol	浓度 mmol/L	浓度 g/L	每升培养液中取原液的 ml 数
大量元素				
KNO_3	101.10	1000	101.10	6.0
$Ca(NO_3)_2 \cdot 4H_2O$	236.16	1000	236.16	4.0
$NH_4H_2PO_4$	115.08	1000	115.08	2.0
$MgSO_4 \cdot 7H_2O$	246.48	1000	246.49	1.0
KH_2PO_4	136.09	1000	136.09	1.0
微量元素				
$CaCl_2$	110.98	500	55.49	5.0
KCl	74.55	25	1.864	0.4
H_3BO_3	61.83	12.5	0.773	0.4
$MnSO_4 \cdot H_2O$	169.01	1.0	0.169	0.4
$ZnSO_4 \cdot 7H_2O$	287.54	1.0	0.288	0.4
$CuSO_4 \cdot 5H_2O$	249.68	0.25	0.062	0.4
H_2MoO_4(85% MoO_3)	161.97	0.25	0.040	0.4
NaFeDTPA(10%Fe)	468.20	64	30.000	0.6

3. 按照表 2-2，分别配制完全培养液、缺氮培养液、缺磷培养液、缺钾培养液等培养液各 1000ml。

4. 取 8 个培养缸，洗净，做好标记（完全培养、缺氮培养、缺磷培养和缺钾培养

等培养）。各加入 1000ml 相对应的培养液。

5. 每缸培养 3 或 4 株幼苗，用棉花固定，将培养缸置于光照培养箱或培养温室内，25～30℃，每天光照 10～12 h。

表 2-2　培养液配制　（单位：ml）

试剂名称	完全	缺氮	缺磷	缺钾	缺钙	缺镁	缺硫	缺铁
KNO_3	6.0	0	6.0	0	6.0	6.0	6.0	6.0
$Ca(NO_3)_2 \cdot 4H_2O$	4.0	0	4.0	4.0	0	4.0	4.0	4.0
$NH_4H_2PO_4$	2.0	0	0	2.0	2.0	2.0	2.0	2.0
$MgSO_4 \cdot 7H_2O$	1.0	1.0	1.0	1.0	1.0	0	0	1.0
KH_2PO_4	0	1.0	0	0	0	0	0	0
$CaCl_2$	0	5.0	0	5.0	0	0	0	0
KCl	0.4	0.4	0.4	0	0.4	0.4	0.4	0.4
H_3BO_3	0.4	0.4	0.4	0.4	0.4	0.4	0.4	0.4
$MnSO_4 \cdot H_2O$	0.4	0.4	0.4	0.4	0.4	0.4	0	0.4
$ZnSO_4 \cdot 7H_2O$	0.4	0.4	0.4	0.4	0.4	0.4	0	0.4
$CuSO_4 \cdot 5H_2O$	0.4	0.4	0.4	0.4	0.4	0.4	0	0.4
H_2MoO_4（85%MoO_3）	0.4	0.4	0.4	0.4	0.4	0.4	0.4	0.4
NaFeDTPA（10%Fe）	0.6	0.6	0.6	0.6	0.6	0.6	0.6	0
$NiSO_4 \cdot 6H_2O$	2.0	2.0	2.0	2.0	2.0	2.0	0	2.0
$Na_2SiO_3 \cdot 9H_2O$	1.0	1.0	1.0	1.0	1.0	1.0	1.0	1.0
均加蒸馏水定容至 1000ml								

［实验作业］

根据公式，计算配制完全培养液、缺氮培养液、缺磷培养液、缺钾培养液、缺钙培养液、缺镁培养液各 800ml 需要从各种培养原液中吸取的用量，用表格表示。

$$\text{取原液的量（ml）}=\frac{\text{需要稀释浓度（mmol/L）}\times\text{配制培养液体积（ml）}}{\text{原液浓度（mmol/L）}}$$

［注意事项］

1. 使用沙培时，要用自来水将沙冲洗干净。

2. 所有药品必须为分析试剂级（AR），用具要洁净。

3. NaFeDTPA 属于整合铁化合物。也可以称取 Na_2-EDTA 7.45g 和 $FeSO_4 \cdot 7H_2O$ 5.57g 分别用水溶解后，定容至 1000ml。在培养液配制时，取量与表 2-2 中 NaFeDTPA（10%Fe）相同。

［参考文献］

张志良，瞿伟菁．2003. 植物生理学实验指导．第三版．北京：高等教育出版社

Taiz L，Zeiger E. 2006. Plant Physiology. 4th ed. Sunderland：Sinauer Associates Inc.

2-2 植物形态观察

［实验目的］

了解缺乏氮、磷、钾元素培养的植株出现的表型症状。

［实验原理］

植物在生长过程中，需要氮、磷、钾、钙、镁、硫、铁等必需元素，当缺少任何一种必需的矿质元素时，都会引起植物的根、茎、叶出现特有的生理病症。通过对缺素培养的植物营养器官进行病症观察，可以了解植物生长需要哪些元素。

［器材与试剂］

实验材料同 2-1。

［实验步骤］

1. 将实验 2-1 培养的植物材料，每天补足培养缸内的水分至原来的高度，每周更换 1 次培养液。

2. 在 25～30℃，光照 12h/d 条件下培养 3～4 周，观察在缺素溶液中生长的植株（与在完全溶液培养的植株比较），其在叶片数目、叶色、植株高度、根的数目和长度等方面是否出现明显症状。

3. 将缺素培养液更换成完全培养液，继续培养植株，1～2 周后，观察分析在步骤 2 出现的症状是否有变化。

［实验作业］

记录和分析在不同培养液培养 15d 植株的叶色、叶片数目、病叶数目、嫩叶病症、植株高度、根鲜重等，并用表格呈现结果。

［思考题］

1. 不同植物经过缺氮或缺磷溶液培养，其出现病症的时间和程度会相同吗？为什么？

［参考文献］

唐玉林，张福锁，王震宇等．1999．缺硼豌豆植株侧芽生长机理的研究．植物营养与肥料学报，5（1）：62～66

Taiz L，Zeiger E. 2006. Plant Physiology. 4th ed. Sunderland：Sinauer Associates Inc.

附：植物缺乏矿质元素的病症检索表

病症　　　　　　　　　　　　　　　　　　　　　　　　　　　　　缺乏元素

A. 老叶病症

B. 病症常遍布整株，基部叶片干焦和死亡

C. 植物浅绿，基部叶片黄色，干燥时呈褐色，茎短而细……………………… 氮

C. 植株深绿，常呈红或紫色，基部叶片黄色，干燥时暗绿，茎短而细…… 磷

B. 病症常限于局部，基部叶片不干焦，但杂色或缺绿，叶缘杯状卷起或卷皱

C. 叶杂色或缺绿，有时呈红色，有坏死斑点，茎细………………………… 镁

C. 叶杂色或缺绿，在叶脉间或叶尖和叶缘有坏死小斑点，茎细…………… 钾

C. 坏死斑点大而普遍在叶脉间，最后扩展至叶脉，叶厚，茎短…………… 锌

A. 嫩叶病症

B. 顶芽死亡，嫩叶变形和坏死

C. 嫩叶初呈钩状，后从叶尖和叶缘向内死亡…………………………………… 钙

C. 嫩叶基部浅绿，从叶基起枯死，叶捻曲…………………………………… 硼

B. 顶芽仍活，但缺绿或萎蔫，无坏死斑点

C. 嫩叶萎蔫，无失绿，茎尖弱………………………………………………… 铜

C. 嫩叶不萎蔫，有失绿

D. 坏死斑点小，叶脉绿色…………………………………………………… 锰

D. 无坏死斑点

E. 叶脉仍绿…………………………………………………………………… 铁

E. 叶脉失绿…………………………………………………………………… 硫

2-3　植物生长速率的测定

［实验目的］

1. 掌握测定植物生长速率的方法。

2. 掌握植物生长速率的两种表示方法并了解其代表的意义。

［实验原理］

植物生长量可以植物器官的鲜重、干重、长度、面积和直径等表示。生长速率表示生长的快慢，相当于植物的长势，有绝对生长速率和相对生长速率两种。绝对生长速率是指单位时间内的绝对增长量；单位时间的增长量与原有植株量的百分率称为相对生长速率。通过分析植物的生长速率可以了解不同时期或不同区域采取的农业措施对植物生长的影响。

［器材与试剂］

1. 实验仪器与用具

电子天平、吸水纸、培养缸

2. 实验试剂

同实验 2-1。

3. 实验材料

同实验 2-1。

［实验步骤］

1. 玉米种子吸胀 12h 后，播种在湿润的沙盘中，于室温下培养，定期浇水，保持沙土湿润，待幼苗长至 10cm 左右时，洗净备用。

2. 选取长势一致的玉米幼苗 20 株，用吸水纸吸干水分，4 株一组，于电子天平上称量植株鲜重 W_0(g)，记录；将各组植株分别转入到完全培养液和缺素培养液中生长 7～15d，取出植株，用吸水纸吸干水分，于电子天平上称量植株鲜重 W_1(g)。

［实验作业］

根据测定结果，计算生长在完全培养液和缺素培养液中的玉米幼苗的绝对生长速率及相对生长速率，参考模块 16 进行 t 检测。

[实验扩展]

如果要单独了解植株的生长速率，也可以用改良 Hoagland' s（霍格兰氏）营养液培养植株，具体配方是：

$Ca(NO_3)_2 \cdot 4H_2O$	945mg/L	KNO_3	506mg/L
NH_4NO_3	80mg/L	KH_2PO_4	136mg/L
$MgSO_4$	493mg/L		

铁盐溶液　2.5ml

微量元素液　5ml

称取 $FeSO_4 \cdot 7H_2O$ 2.78g 和 Na_2-EDTA 3.73g，用蒸馏水溶解后，混合定容至 500ml，调 pH5.5。

配制微量元素液（pH6.0）方法：

KI	0.83mg	H_3BO_3	6.2mg
$MnSO_4$	22.3mg	$ZnSO_4$	8.6mg
Na_2MO_4	0.25mg	$CuSO_4$	0.025mg
$CoCl_2$	0.025mg		

溶解在 1000ml 蒸馏水中。

[思考题]

研究玉米不同生育时期的生长速率，如何设计实验？

2-4　植株总氮含量的测定

Ⅰ　凯氏定氮法

[实验目的]

学习凯氏定氮法测定植物组织氮含量的原理和方法。

[实验原理]

植物组织中的含氮化合物与浓硫酸一起加热消化，能分解成无机化合物，其中有机胺态氮生成无机铵盐（硫酸铵）；然后将经过消化的液体碱化蒸馏使氨游离出来，用过量的硼酸吸收游离的氨；最后以标准盐酸溶液进行滴定，所用酸的量（mol）即相当于被测样品中氨的量（mol）。由于消化反应过程很慢，可用 $CuSO_4$ 和 K_2SO_4 促进该反应过程，其中 $CuSO_4$ 对反应起催化作用，K_2SO_4 提高消化液的沸点。加入 H_2O_2 也能加速反应。

以甘氨酸为例，整个反应方程式如下：

消化：$NH_2CH_2COOH + 3H_2SO_4 = 2CO_2 + 3SO_2 + 4H_2O + NH_3\uparrow$

$2NH_3 + H_2SO_4 = (NH_4)_2SO_4$

蒸馏：$(NH_4)_2SO_4 + 2NaOH = 2H_2O + Na_2SO_4 + 2NH_3\uparrow$

吸收：$NH_3 + 4H_3BO_3 = NH_4HB_4O_7 + 5H_2O$

滴定：$NH_4HB_4O_7 + HCl + 5H_2O = NH_4Cl + 4H_3BO_3$

凯氏法可用于测定植物的各种组织、器官及食品等复杂样品。但此法操作较复杂，如含有大量碱性氨基酸的样品，则测定结果偏高。

［器材与试剂］

1. 实验仪器及用具

烘箱、电子天平、消化炉、50ml 凯氏烧瓶、50ml 锥形瓶、5ml 微量滴定管、蒸馏装置、50ml 容量瓶

2. 实验试剂

混合指示剂：50ml 0.1%甲烯蓝-无水乙醇溶液与 200ml 0.1%甲基红-无水乙醇溶液混合，储于棕色瓶中，备用。该指示剂在 pH5.2 时为紫红色；在 pH5.4 时为暗蓝色（或灰色）；pH5.6 时为绿色，变色点为 pH5.4。

硼酸指示剂混合液：取 100ml 2%硼酸溶液，滴加混合指示剂约 1ml，摇匀后，溶液呈紫红色即可。

催化剂：粉末硫酸钾-硫酸铜（K_2SO_4 ∶ $CuSO_4 \cdot 5H_2O$＝5 ∶ 1）碾碎后，过 40 目筛。

标准 $(NH_4)_2SO_4$ 溶液（0.3mg 氮/ml），0.01mol/L 标准盐酸溶液，其他试剂：浓硫酸、30%的 NaOH 溶液等

3. 实验材料

玉米、番茄

［实验步骤］

1. 样品的准备

烘干并粉碎植物组织样品，准确称量 2 份，各 0.5g，分别放入 2 个凯氏烧瓶底部（勿粘到瓶颈和瓶身部位）；另取 2 个凯氏烧瓶不放样品，作为对照组。在每个凯氏烧瓶内加入约 500mg 催化剂，5ml 浓硫酸，1 颗玻璃珠。每个烧瓶口放一个漏斗。

2. 消化

在通风橱内的电炉上消化。控制火力，不要使液体冲到瓶颈。待瓶内水汽蒸完，硫酸分解放出 SO_2 白烟后，适当加强火力，直至消化液呈透明淡绿色为止。消化完毕，溶液冷却后，慢慢加入 10ml 蒸馏水，边加边轻摇。冷却后，倾入 50ml 容量瓶中，用蒸馏水洗烧瓶数次，将洗液并入容量瓶中，蒸馏水定容至刻度，混匀备用。

3. 蒸馏

(1) 凯氏蒸馏仪洗涤：取 5 个 50ml 的锥形瓶，各加 5ml 硼酸指示剂混合液，用表面皿覆盖，备用。打开夹子（图 2-1 中 7，下同），使冷水流入蒸汽发生器 2 的下端，加热蒸馏。夹子 3 和 8 处于关闭状态，蒸汽通过反应室 1 到冷凝器 4 外腔，冷凝成水滴落入盛有混合液的锥形瓶 9 中。蒸汽洗涤反应室约 10min 后，移去锥形瓶，放上另外一个盛有混合液的锥形瓶，将瓶倾斜，以保证冷凝管末端连接的小玻璃管完全浸入液体内，继续蒸馏 1～2min。观察锥形瓶内液体变成灰色，表明反应室内部已干净。移动锥形瓶使混合液离开管口约 1cm，继续通气 1min，用水冲洗玻璃管外口，移开酒精灯，洗涤完成。

(2) 样品消化液和空白的蒸馏：打开夹子 8，放出蒸汽发生器中的热水，然后关闭夹子 8，打开夹子 7，使冷水流入蒸汽发生器至 2/3 体积后关闭夹子 7。打开夹子 3，取 2ml 备用的消化液，从加样口 3 加入反应室 1 中，关闭夹子 3。另取 1 个盛有混合液的锥形瓶斜接于冷凝管的下端。取 30%的 NaOH 溶液约 10ml，加入加样口的小漏斗中，

慢慢打开夹子 3，使 NaOH 溶液缓缓流入反应室，关闭夹子 3，向小漏斗中加入 5ml 蒸馏水，再微开夹子，使一半蒸馏水流入反应室后关闭夹子。加热蒸馏，锥形瓶中溶液由紫红色变成鲜绿色，自变色起开始计时，再蒸馏 5min，移动锥形瓶使其液面离开冷凝管口，并用蒸馏水洗涤冷凝管口外周，继续蒸馏 1min。用表面皿盖住锥形瓶，所有样品蒸馏完毕后，用标准盐酸溶液滴定。

（3）洗涤蒸馏仪：挪开酒精灯，随即自加样口较快地注入冷的蒸馏水，反应室外的空气骤然冷凝，反应室里的废液就迅速地从出样口 10 抽出，打开夹子 8，排出蒸汽发生器内的废液。关闭夹子 8，自加样口加入冷蒸馏水，打开夹子 3，冷水再流入反应室，关闭夹子 3，打开夹子 7，使冷水尽量多地流入蒸汽发生器内，但不要超过出样口 10，关闭夹子 7，打开夹子 8，使冷水排出。此时由于蒸汽发生器内的空气压力降低较多，反应室中冷水又自动抽出。重复几次，可排尽废液及洗涤废液。

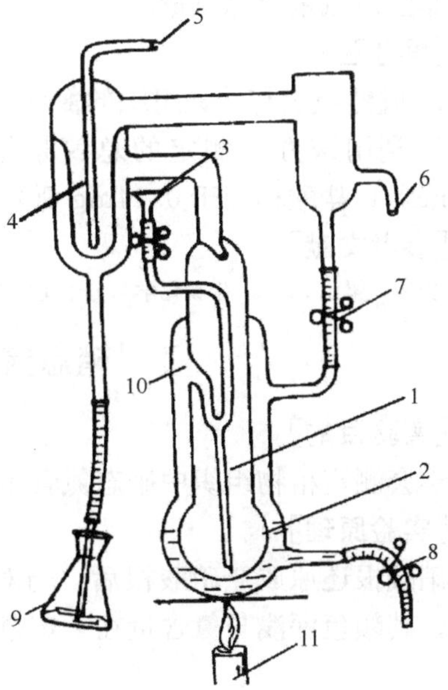

图 2-1　凯氏蒸馏仪

1. 反应室；2. 蒸汽发生器；3. 加样口（小漏斗）并附夹子；4. 冷凝器；5. 冷凝水入口；6. 冷凝水出口；7. 夹子；8. 夹子（废液排出口）；9. 锥形瓶；10. 出样口；11. 酒精灯

4. 滴定

全部蒸馏完毕后，用 0.01mol/L 标准盐酸溶液滴定，直到硼酸指示剂混合液由绿色变回淡紫色，即为滴定终点。记录标准盐酸的体积。

［实验作业］

测定和分析完全培养液和不同缺素培养液培养的植株叶片的总氮含量。

$$\text{总氮含量（mg 氮/\%）} = \frac{(A-B) \times 0.0100 \times 14}{C \times 1000} \times 100$$

式中，A 为滴定样品用盐酸体积数（ml）；B 为滴定空白用盐酸体积数（ml）；C 为样品重量（mg）；0.0100 为盐酸的浓度，为实验中使用盐酸的实际浓度；14 为氮的原子量。

［注意事项］

1. 植物组织样品的含氮量（%）是用 100g 该物质（干重）中所含氮的克数表示。材料在定氮前，须通过烘干至恒重，除去样品中的水分。

2. 普通实验室的空气中常含有少量的氨，会影响结果，所以操作尽可能在单独洁净的房间中操作，对硼酸吸收液尽快滴定。

3. 在蒸馏植物样品前，可以用标准硫酸铵溶液做预备试验。标准硫酸铵的含氮量是 0.3mg 氮/ml，每次试验用 2.0ml。

4. 若样品中除蛋白质外，尚有其他含氮物质时，需向样品中加三氯乙酸，使其最终浓度为 5%，测定未加三氯乙酸的样品及加入三氯乙酸后样品的上清液中的含氮量，得出非蛋白氮量及总氮量。

[思考题]

1. 成熟组织与幼嫩组织的氮含量是否相同?

2. 利用该方法测定的总氮量结果如何换算成蛋白质含量（已知本实验中 1ml 0.01mol/L 盐酸相当于 0.14mg 氮)?

[参考文献]

许秀珍，梁山 . 2003. 生物化学与分子生物学实验指导 . 广州：暨南大学出版社：1~6

Ⅱ 硝态氮含量测定（磺胺比色法）

[实验目的]

学会测定植物组织中硝态氮含量的方法。

[实验原理]

硝酸根还原成亚硝酸根后，与对氨基苯磺酸和 α-萘胺结合，形成玫瑰红色的偶氮染料，其颜色深浅与氮含量在一定范围内成正比关系，主要化学反应式如下：

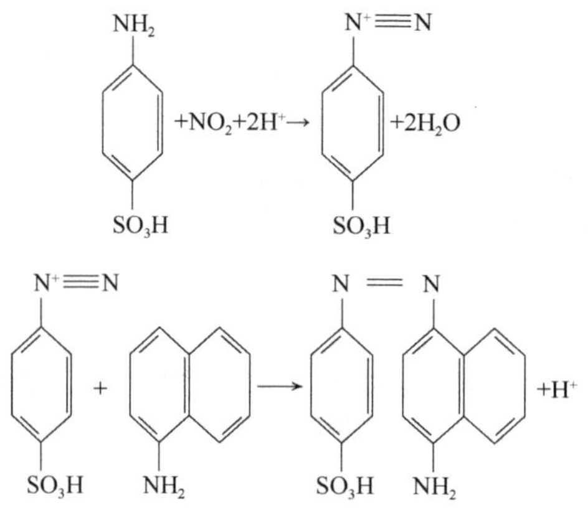

重氮盐　α-萘胺　玫瑰偶氮染料

[器材与试剂]

1. 实验仪器和用具

分光光度计、离心机、研钵、容量瓶、试管、移液管，电子天平

2. 实验试剂

20%乙酸溶液（*V*/*V*)：取 20ml 分析纯冰乙酸加水定容至 100ml。

混合粉剂：硫酸钡 100g、α-萘胺 2g、锌粉 2g、对氨基苯磺酸 4g、硫酸锰 10g、柠檬酸 75g。各试剂分别研细，再分别用等分的硫酸钡和其他各试剂混合成无颗粒状灰白色的均匀体，粉剂宜在黑暗干燥条件下储存，7d 后方可使用。

亚硝酸钠（$NaNO_2$）标准溶液：取恒重 $NaNO_2$ 0.6071g 溶于 1L 蒸馏水中，配成 100μg/ml 硝态氮溶液。

3. 实验材料

玉米、番茄等

［实验步骤］

1. 标准曲线的绘制

配制 0、2、4、8、10μg/ml 硝态氮标准溶液，分别吸取 2ml 转入 50ml 有塞试管中，加冰乙酸溶液 18ml，混合，另作一平行对照。再加入 0.4g 混合粉剂，剧烈摇动 1min，静置 10min，将试管中悬浊液过量倾入离心管中，使部分流出管外，即可去除白色粉。4000r/min 离心 5min，取上清液，用分光光度计测定 520nm 的吸光度，绘制标准曲线。

2. 组织液的提取

称取玉米或番茄叶柄 0.5g，剪成 1～2mm 长的碎片，置于干燥的三角瓶中，加入蒸馏水 20ml，激烈振荡 1～3min，静置澄清后，取上清液 2ml，再按标准曲线制作方法测定硝态氮含量。

［实验作业］

测定和分析完全培养液和不同缺素培养液培养的植株叶硝态氮的含量。

$$植物组织中硝态氮含量（\mu g/g）=C \cdot V$$

式中，C 为标准曲线上查得的组织提取液所含硝态氮（μg/ml）；V 为 1g 植物组织所制备的提取液的总体积（ml），如本法为 40ml。

［思考题］

1. 哪一种酶催化硝酸盐还原成亚硝酸盐的反应过程？

2. 测定植株叶片的硝态氮含量时，需要注意什么？

2-5　硝酸还原酶活性的测定

［实验目的］

1. 学会测定植物组织中硝酸还原酶活性的方法。

2. 了解硝酸还原酶具有诱导酶的性质。

［实验原理］

植物组织内硝酸还原酶使 NO_3^- 还原为 NO_2^-，产生的 NO_2^- 渗透到外界溶液中，并积累在溶液中。通过测定反应溶液中 NO_2^- 的含量，可知酶活性的大小。测定 NO_2^- 含量用磺胺（对氨基苯磺酰胺，sulfanilamide）比色法。酸性条件下，NO_2^- 与磺胺反应生成重氮盐，重氮盐再与 α-萘胺起反应形成红色偶氮染料。颜色深浅则代表了 NO_2^- 含量，最终代表了硝酸还原酶活性的高低。

$$NO_3^- + NADH \rightarrow NO_2^- + NAD^+ + OH^-$$

$$对氨基苯磺酸 + NO_2^- + 2H^+ \rightarrow 重氮化合物 + 2H_2O$$

重氮化合物＋α-萘胺→对苯磺酸-偶氮-α-萘胺（红色）

［器材与试剂］

1. 实验仪器与用具

721 型分光光度计、真空泵（或注射器）、恒温箱、电子天平、真空干燥器、钻孔器、三角瓶、移液管、烧杯、洗耳球

2. 实验试剂

0.02mol/L α-萘胺试剂：称取 0.28g α-萘胺，加入 25ml 浓盐酸，用蒸馏水稀释至 100ml。

0.06mol/L 磺胺试剂配制：取 1g 磺胺加 25ml 浓盐酸，用蒸馏水定容至 100ml。

5μg/ml $NaNO_2$标准溶液：1g $NaNO_2$用蒸馏水溶解，定容至 1000ml，储存备用。用时吸取该溶液 5ml，加蒸馏水定容至 1000ml，用时稀释。

磷酸缓冲液：储备液 A：0.2mol/L NaH_2PO_4溶液（27.8g $NaH_2PO_4 \cdot H_2O$ 用水定容至 1000ml）。储备液 B：0.2mol/L Na_2HPO_4溶液（53.65g $Na_2HPO_4 \cdot 7H_2O$ 或 $Na_2HPO_4 \cdot 12H_2O$ 用水定容至 1000ml）取 A 液 16ml＋B 液 84ml，用水稀释至 200ml。

0.2mol/L KNO_3：称取分析纯 KNO_3 2.002g，用少量蒸馏水溶解，定容至 100ml。

3. 实验材料

玉米、番茄或菠菜叶片

［实验步骤］

1. 取新鲜叶片洗净，吸干水分，用直径为 1cm 的钻孔器取叶圆片，称取 0.5g 叶圆片 2 份（或每份取 50 个叶圆片）。

2. 取两个三角瓶，一个瓶中加 5ml 0.1mol/L 磷酸缓冲溶液和 5ml 蒸馏水，另一个瓶加 5ml 0.1mol/L 磷酸缓冲溶液和 5ml 0.2mol/L KNO_3。三角瓶置于真空干燥器中，真空泵抽气，使叶圆片沉于溶液中（如果没有真空瓶，也可以用 20ml 注射器代替，将反应液及叶片一起倒入注射器内，用手指堵住注射器出口小孔，然后用力拉注射器使之为真空，如此抽气放气反复多次，即可抽去叶圆片中的空气，并沉于溶液中）。

3. 将三角瓶置于 30℃温箱或恒温水浴锅中（避光）30min，分别吸取反应溶液 1ml 加入干净的试管中。

4. 加入 2ml 磺胺试剂于试管中，与反应溶液 1ml 混合，再加入 2ml α-萘胺试剂，混合摇匀，静置 30min，用分光光度计测定 520nm 的光密度。从标准曲线上查得 NO_2^- 含量，计算酶活性。

5. 绘制标准曲线

吸取不同浓度 $NaNO_2$标准溶液（如 5、4、3、2、1、0 μg/ml）各 1ml 于试管中，分别加入 2ml 磺胺试剂及 2ml α-萘胺试剂，混合摇匀，置于 30℃温箱或恒温水浴锅中 30min，用分光光度计测定 520nm 的光密度值。

［实验作业］

1. 以 $NaNO_2$ 标准浓度为横坐标、光密度为纵坐标，绘制光密度-浓度曲线。

2. 计算所测植物叶片硝酸还原酶活性。

$$\text{硝酸还原酶活性}\ [\mu g NO_2^-/(\text{g 鲜重} \cdot h)] = \frac{\text{处理}(\mu g\ NaNO_2) - \text{对照}(\mu g\ NaNO_2)}{\text{材料鲜重}(g) \times \text{作用时间}(h)} \times 10ml \times \frac{46}{69}$$

［思考题］

1. 哪些因素影响硝酸还原酶活性的精确测定？如何设计优化实验？

2. 植物在光照或黑暗条件下培养，测定的叶片硝酸还原酶活性是否相同？

2-6　植株铜含量的测定

［实验目的］

1. 掌握利用原子吸收分光光度法测定植物组织中铜元素。

2. 了解植物组织中矿质元素的含量。

［实验原理］

除铬以外，几乎所有的金属均可溶解在一定浓度的硝酸溶液中。将植物样品灰化后，用稀硝酸在低温电炉上加热提取，随着温度的升高，灰分中各种金属元素会逐渐溶解在硝酸中，样品中所含的多种金属元素可同时被抽提出来。用原子吸收分光光度计，采用不同的金属阴极灯即可测出样品中除铬以外多种金属元素的浓度。

分析植物样品中某种金属元素含量，首先制备该金属元素的标准溶液。用浓硝酸溶解该纯金属，用去离子水稀释成一定浓度的母液，再配制成一系列不同浓度的标准溶液，通过测定其原子吸收光谱的吸光度，绘制曲线。仪器在同样的工作状态下，测出样品待测液中该金属元素吸收光谱的吸光度，利用吸光度与原子浓度成正比的原理，在曲线上查到待测金属元素的浓度，配有计算机能自动绘制标准曲线，进行误差校正、含量换算，并在记录屏幕上直接显示出待测样品中各种金属元素的质量浓度。本实验重点介绍测定植物叶片 Cu 的含量。

［器材与试剂］

1. 实验器材与用具

低温电炉、电阻炉、原子吸收分光光度计（HITACHI Z-2000 产品）、吸液管、容量瓶、瓷坩埚、不锈钢剪

2. 实验试剂

铜标准贮备液：称取纯度为 99.99％金属铜 100mg，分多次共加入 10ml 硝酸溶液煮沸，冷却至室温，用去离子水定容至 1000ml。

铜标准溶液：准确吸取铜标准贮备液 2ml，于 100ml 容量瓶中，加去离子水至刻度，摇匀，溶液铜的含量为 2μg/ml。

不同浓渡硝酸溶液：分别配制 50％、10％和 1％的硝酸溶液。

3. 实验材料

玉米或番茄叶片

［实验步骤］

1. 样品的预处理（干灰化法）

取叶片 5～10g，用流动水冲洗叶片表面污物，再用去离子水冲洗 2 或 3 次，置于烘箱中烘干后，研磨成粉末，保存于干燥箱中备用。

称取 5g 粉末，置于坩埚中，在电炉上碳化至无烟（1～2h）后，移入电阻炉中，600℃灰化 4～5h，得白色灰，冷却。在坩埚内加入 10％的硝酸 5～10ml，置低温电炉上消化提取，使坩埚内硝酸体积减至 0.5ml 左右，冷却。

用 1％的硝酸将坩埚内样品转入 25ml 容量瓶内，定容至刻度。过滤，上清液待测。取另一支 25ml 容量瓶作为对照。

2. 原子吸收分光光度计（图 2-2）的测试

（1）用去离子水分别配制 0、1、2、3、4、5μg/ml 铜标准溶液。

（2）按操作程序开启原子吸收分光光度计。

（3）用 1%硝酸溶液调零，取不同浓度的 Cu 标准溶液测定吸光值，制作标准曲线。

（4）测定样品的吸光值，仪器根据标准曲线显示出样品铜含量（μg/ml）。

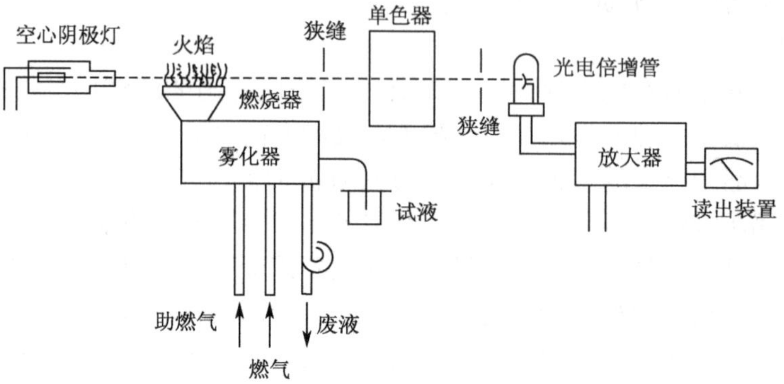

图 2-2　原子吸收分光光度计示意图

［实验作业］

计算水稻叶片铜含量（mg/kg 干重）。

［注意事项］

1. 在点火前检查火焰炉口和进样口是否通畅，测量不同样品时，用双蒸水清洗进样口管，然后用滤纸吸干。

2. 若样品中 Cu 含量超过了标准溶液最高浓度的值，可重新配制标准溶液，提高其浓度，或适当稀释样品液。

［思考题］

1. 测定植物组织内的金属元素有何意义？

2. 为什么原子吸收分光光度法不适宜测定金属铬含量？

［参考文献］

陈炜滨，黄俊生，池泳浩等．2004. 火焰原子吸收法测定植物叶片中 Pb、Cd、Cu、Zn 含量．广东微量元素科学，(11)：48～51

郝再彬，苍晶，徐仲．2004. 植物生理实验．哈尔滨：哈尔滨工业大学出版社：37～39

附：原子吸收分光光度计（H1TACH1 Z-2000）使用步骤

1. 打开电脑后，打开光谱仪电源，3～5s 后打开 AAS 软件。

2. 仪器检查连接，编辑方法：

（1）选择测量模式。

（2）从元素周期表中点击测量的 Cu 元素，其元素的顺序为 2，与灯位号 2 一致。

（3）设定工作波长、工作电流。

（4）选择燃烧头、火焰类型、氧气压力、燃烧头高度（例如，Cd 元素的燃烧头高度为 5）。

(5) 设定工作曲线，输入标准样品的数量、小数点位数、浓度、单位和重复次数。

(6) 样品表格的设定，输入样品的数量、名称等。

保存设置方法，点击“Verify”确定。

3. 打开空气压缩泵、水循环、乙炔（或氩气）和通风设备。

4. 机器泄露检查。

5. 按红色点火按钮。

6. 进样口放空白样品（双蒸水），待火焰燃烧一小会儿，点击“Auto 0”。

7. 做标准曲线，将待测样品放到进样口，等待3～5s，按“Start”按钮，等待机器自动测量完毕后上另一个样，依次进行。

8. 结束测量，按“End”按钮，进样口处放空白样品（双蒸水），让火焰燃烧2～3min，关闭乙炔气体，气体燃尽后火焰自动熄灭。

9. 数据分析。

2-7　植株重金属含量的测定

［实验目的］

学习用紫外分光光度法测定植物组织中重金属含量。

［实验原理］

重金属是指在实验条件下能与硫代乙酰胺或硫化钠作用显色的金属杂质。研究植物的安全性涉及植物体内重金属的含量，因为植物组织内重金属对人体产生不利的影响。

重金属的检测方法有比色法、原子吸收分光光度法、配位滴定法、离子选择电极法等，用紫外分光光度法测定植株中重金属含量，结果可靠，快速，简便，重现性好。对白芍等中药材料分析结果表明，一次操作能准确测出植株体内绝大部分重金属的含量，可用于中药材实际生产中重金属的检测。本实验介绍用紫外分光光度法测定植物组织中重金属含量。

［器材与试剂］

1. 实验仪器与用具

紫外分光光度计（PE公司产品）、酸度计、微量进样器、坩埚

2. 实验试剂

标准铅溶液：取硝酸铅0.1598g，置1L容量瓶中，加稀硝酸10ml溶解后，用蒸馏水定容至刻度，混匀，为储备液；临用前取储备液10ml，加水稀释至100ml，混匀得标准铅溶液（相当于10μg/ml）。

硫化钠溶液：取5g硫化钠，加水10ml，再加甘油30ml，溶解后保存在棕色容量瓶中。测定前临时配制。

王水：浓盐酸与浓硝酸按3∶1（V/V）混合。

水溶液（pH3.2）：用蒸馏水，调pH至3.2。

硝酸镁、酚酞指示剂、稀乙酸

3. 实验材料

同实验2-1或中草药植物。

［实验步骤］

1. 标准液制备：取 9 个 50 ml 容量瓶，编号，分别加入标准铅溶液 0、0.5、1.0、1.5、2.0、2.5、3.0、3.5、4.0ml，备用。取空坩埚 9 只，550℃灰化 2h，冷却后各加王水 1ml，坩埚置于沸水中蒸干，加 3 滴 HCl 及 10ml 沸水，置于沸水中加热 2min，冷却后加酚酞指示剂 1 滴，用氨溶液调至微红色，加稀乙酸 2ml，调 pH3.0～3.5。转移至 50ml 容量瓶中，稀释至刻度。

2. 样品液的制备：将植株剪碎、洗净、烘干，干燥至恒重精确称取样品 0.5g，置坩埚内，加 0.3g 硝酸镁，550℃灰化 2h ，冷却后加王水 1ml，其余操作同标准液。

3. 取已经制备好的标准液各 2.5ml，各加 10μl 硫化钠溶液，摇匀后静置 5min，在 214nm 处依次测定吸光度，检测质量分数在 0～50μg/g 应具有良好的线性关系。

4. 取样品液 2.5ml，用 pH3.0～3.5 的 HCl 溶液稀释至 10ml，加 2μl 硫化钠溶液，摇匀静置 5min，测定 214nm 吸光度。

［实验作业］

1. 计算待测植物体不同器官内重金属含量。

2. 比较溶液培养或大田生长的同一种植物材料，其植株内重金属含量的差异，分析结果。

［注意事项］

1. 样品提取液加入硫化钠溶液后，最好在 15min 左右完成 OD 值测定，样品测定间隔时间尽可能小。

2. 硫化钠是显色反应剂，其用量直接影响重金属含量的测定，且对测定体系的 pH 有影响。硫化钠的用量控制在 5～15μl 时，吸光度最大且稳定，故本实验选用 10μl 。

3. 样品灰化时，加硝酸镁是为了防止较易挥发的砷、镉等元素的损失。

4. 根据药典和有关文献，样品液在 pH 3.0～3.5 时，加入硫化钠溶液后，硫离子能与铅、锌、汞、镉、锑等十余种重金属离子生成化合物而显色。

［参考文献］

国家药典委员会．2000. 中华人民共和国药典（二部）．2000 年版．北京：化学工业出版社：附录 50251

楼小红，吴巧凤. 2004. 紫外分光光度法测定白芍中重金属的研究．广东微量元素科学，11(1)：38～40

万红卫，金仁达，钱佳星．2006. 紫外分光光度法测定蜈蚣甘草散中重金属的含量．儿科药学杂志，12(6)：43～44

模块3 种子生理

【模块实验目的】

种子是高等植物所特有的营养储存器官和繁殖器官，与人类生活密切相关。当种子发育完全后，在田间状态下，高活力的种子迅速萌发形成整齐度高且健壮的幼苗。种子活力在种子发育中形成，在生理成熟期达到高峰，它是衡量种子好坏的一个重要指标，是种子萌发的生理基础，因此寻找实用且准确的种子活力的测定方法是很有必要的。种子活力主要取决于遗传性以及种子发育成熟程度与储藏期间的环境因子，是一项综合性指标，因此靠单一的活力指标判定其总活力水平或健壮度是不科学的，需要掌握多种种子活力的测定方法，便于综合考察。

种子萌发需要适宜的条件（即足够的水分、充足的氧、适宜的温度和光照强度）。种子中储藏有大量淀粉、脂类和蛋白质。淀粉类种子在萌发时，种子所储藏的淀粉在淀粉酶的作用下被水解为可溶性糖运送到正在生长的幼胚中，以供给幼胚生长发育所需。根据作用方式的不同，淀粉酶可分为α-淀粉酶与β-淀粉酶。粗脂肪是油类种子的主要储藏成分之一，通过其含量的高低来鉴别种子品质的优劣，是食品工业中常用的检测指标。

禾谷类作物（玉米、水稻、高粱、大麦、小麦和黑麦等）种子和油类作物（芝麻、花生、油菜、大豆等）种子常作为种子研究的实验材料。本模块实验利用玉米种子，介绍测定种子活力的几种方法，以及测定萌发过程中α-淀粉酶与β-淀粉酶活性的方法。同时学习测定粗脂肪含量的方法。

【流程图】

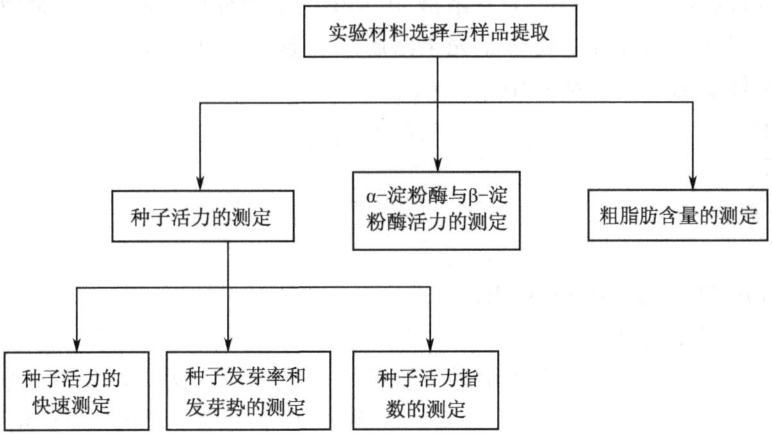

3-1 种子活力的测定

[实验目的]

掌握种子活力快速测定的几种方法。

［实验原理］

种子活力指在广泛的田间条件下，种子本身具有的决定其迅速而整齐出苗及正常苗发育的全部潜力的所有特性。通过检测种子的正常生理代谢功能是否受到损害以及胚是否存活，可判断种子的发芽潜力。本实验介绍测定种子活力的三种方法：氯化三苯基四氮唑（TTC）法、溴麝香草酚蓝法（BTB法）和红墨水染色法。

活种子的胚在呼吸作用过程中能进行氧化还原反应，而死种子则无此反应。当TTC渗入活种子胚细胞内作为氢受体而被脱氢辅酶（$NADH_2$或$NADPH_2$）上的氢还原时，无色的TTC转变为红色的三苯基甲腊（TTF）。

活种子进行呼吸作用吸收空气中的O_2，放出CO_2。CO_2溶于水成为H_2CO_3，H_2CO_3解离为H^+和HCO_3^-，使得种子周围环境的酸度增加。溴麝香草酚蓝法（BTB法）通过测定酸度的变化来判断种子活性。BTB变色范围为pH6.0～7.6，酸性呈黄色，碱性呈蓝色，中间经过绿色（变色点为pH7.1）。色泽差异显著，易于观察。

红墨水染色法是根据活种子细胞的原生质膜具有选择性吸收物质的透性，而死种子的胚细胞原生质膜则丧失此性质，于是染料进入死细胞而染色。

［器材与试剂］

1. 实验仪器与用具

培养箱、烧杯、培养皿、镊子、单面刀、天平

2. 实验试剂

0.5% TTC溶液：称取0.5g TTC，加入少量95%乙醇助溶后，用蒸馏水稀释定容至100ml。避光保存，现用现配。

0.1% BTB溶液：称取0.1g BTB放入烧杯中，用煮沸过的自来水溶解（配制指示剂的水应为微碱性，溶液呈蓝色或蓝绿色，蒸馏水为微酸性而不宜用），用滤纸滤去残渣。滤液若为黄色，加数滴稀氨水，使之变为蓝色或蓝绿色。此液储于棕色瓶。

1% BTB琼脂凝胶：0.1% BTB溶液100ml置于烧杯中，将1g琼脂剪碎后加入烧杯，用小火加热并不断搅拌。待琼脂完全溶解后，趁热倒在数个干净的培养皿中，厚度以能埋没玉米种子为宜，冷却后用。

3. 实验材料

玉米种子

［实验步骤］

1. 浸种

种子在30～35℃温水中浸种5h。

2. 0.5%TTC显色实验

将吸胀的种子100粒用单面刀沿种子胚的中心线纵切为两半，其中一半置于培养皿中，每皿100个半粒，加入0.5%TTC，以覆盖种子为宜，置于30℃培养箱中培养0.5～1h，设3个重复。观察浸种胚是否为红色。另100个半粒置于沸水中5min以杀死胚，同样加入0.5%TTC，置于30℃培养箱中染色处理作为对照观察。计算活种子的百分率。活种子百分率（%）＝（染成红色的种子粒数/实验种子的总粒数）×100。

3．1%BTB 染色

将吸胀的玉米种子 100 粒整齐地埋于 1%BTB 琼脂凝胶培养皿中，平放，间距至少 1cm。培养皿置于 30℃培养箱中培养 2～4h，在蓝色背景下观察，种子附近呈现深黄色晕圈的是活种子，设 3 个重复。用沸水中杀死的种子进行对照观察。

4．5%红墨水显色

将吸胀的种子 100 粒，用单面刀沿种子胚的中心线纵切为两半，其中一半置于培养皿中，每皿 100 个半粒，加入 5%红墨水，以覆盖种子为宜，置于 30℃培养箱中培养 10min，设 3 个重复。染色后倒去红墨水并用水冲洗多次至冲洗液无色为止。凡种胚不着色或着色很浅的为活种子，种胚与胚乳着色程度相同的为死种子。另 100 个半粒置于沸水中 5min 以杀死胚，同样加入红墨水染色处理作为对照观察。活种子的百分率为不着色或着色很浅的种子粒数占实验种子的总粒数的百分数。

[实验作业]

根据公式，计算玉米种子的活力。

种子活力（%）＝（出现黄色晕圈的种子粒数/总种子数）×100

[注意事项]

种子发芽实验需要注意几个环节：①取样品要准确，要有代表性；②方法要适当；③保持足够的水分；④保持适宜的温度；⑤空气流通；⑥计算精确。

[思考题]

1．各种方法测定种子活力的结果是否相同?

2．指出种子活力与种子发芽率概念上的区别?

[参考文献]

黄胜琴，陈润政．2004．不同储藏条件下豆薯种子的脂质过氧化研究．热带亚热带植物学报，12(2)：163～166

黄学林，陈润政等．1990．种子生理实验手册．北京：农业出版社：78～79

秦家顺．1998．改进的种子生活力快速测定法．植物生理学通讯，34(1)：52～54

张志良，瞿伟菁．2003．植物生理学实验指导．第三版．北京：高等教育出版社：206～208

3-2 种子萌发率和发芽势的测定

[实验目的]

掌握测定种子萌发率和发芽势的方法。

[实验原理]

种子在适宜的水分、氧气、温度条件下萌发。在最短条件和规定天数内，发芽的种子数与供试的种子数的百分比，称作萌发率。为了表示萌发速度和整齐度，反映种子活力程度，规定在较短的时间内能正常萌发的种子数为发芽势。发芽数与发芽需要的天数之比称为发芽指数。

[器材与试剂]

1．实验仪器与用具

培养箱、培养皿、滤纸或湿砂、镊子、微量移液枪

2. 实验试剂

1%NaClO 溶液：吸取 1ml NaClO 溶液，用蒸馏水定容至 100ml。

3. 实验材料

玉米种子

［实验步骤］

1. 选取完整、健壮的玉米种子 100 粒，用 1%NaClO 溶液消毒 1min 后，均匀排列在有滤纸的培养皿中（注意种子间留有一定间隔），加入适量蒸馏水，置于 30℃培养箱中暗萌发，每天注意补充水分，使滤纸保持湿润即可。

2. 每天记录发芽粒数。3d 后测定种子的发芽势，7d 后测定种子的发芽率。

［实验作业］

根据测定结果，利用公式，计算玉米种子的发芽率、发芽势和发芽指数，并用表格呈现结果。

$$发芽率（\%）=\frac{发芽结束时正常发芽的种子数}{供试种子数}\times 100$$

$$发芽势（\%）=\frac{3d\ 后正常发芽的种子数}{供试种子数}\times 100$$

$$发芽指数=\frac{浸种\ t\ 日的发芽数}{相应的发芽日数}\times 100$$

式中，t 为浸种后天数。

［注意事项］

1. 从发芽势或发芽指数观察种子是否已发生劣变，也能表示种子的活力。

2. 对于在 1～2d 内萌发并迅速发芽的种子不适用于该指标测定。

［思考题］

1. 农业上种子发芽实验有哪些具体的规定？

2. 测定种子的发芽率和发芽势在农业上有何应用？

［参考文献］

黄学林，陈润政等．1990．种子生理实验手册．北京：农业出版社：73～78

秦家顺．1998．改进的种子生活力快速测定法．植物生理学通讯，34(1)：52～54

Pandey D K，董海洲．1991．在常温下法国菜豆种子老化与活力和生活力的关系．种子，(4)：79～80

3-3　种子活力指数的测定

［实验目的］

掌握种子活力指数的测定及计算方法。

［实验原理］

萌发种子幼苗的生长势是反映种子活力的一个较好的生理指标，将萌发指数与幼苗生长量相乘，称为活力指数，是表示种子活力的指标之一。幼苗生长量可用质量或长度表示。

［器材与试剂］

1. 实验仪器与用具

玻璃板、培养箱、发芽箱（或缸）、尺子或天平、滤纸、镊子、细绳或橡皮筋

2. 实验试剂

1％NaClO 溶液：微量移液枪吸取 1ml NaClO 原液，用蒸馏水定容至 100ml。

3. 实验材料

玉米种子

［实验步骤］

1. 选取完整、健壮的种子 100 粒，3 个重复。用 1％NaClO 溶液消毒 1min，在 30～35℃温水中浸种 5h 后采取玻板直立发芽法。

2. 玻板直立发芽法：发芽箱由塑料板制成，规格为 20cm×15cm×20cm，玻板规格为 20cm×15cm，滤纸规格为 42cm×15cm。对折滤纸，平铺在玻板上，掀开上层滤纸，用蒸馏水湿润下层滤纸，将种子横向排列在滤纸中部，胚向下，保持一定粒距。将上层滤纸覆盖在种子上。若种子较大，可用细绳或橡皮筋扎在覆盖种子处的滤纸外面，以防种子滑落。玻板垂直插入发芽箱中，玻板间保持一定的距离。在发芽箱中加入约 2cm 深蒸馏水层，加盖，留气孔，置于 30℃的培养箱中萌发。

3. 萌发 3d(72h) 后统计种子的萌发率、生长量。

［实验作业］

根据测定结果，计算玉米种子的活力指数和简化活力指数，并用柱形图表示结果。

活力指数＝发芽指数×幼苗生长量（长度或重量）

简化活力指数＝发芽率（％）×生长量（长度或重量）

［实验扩展］

对于萌发迅速的种子适宜用简化活力指数（发芽率乘幼苗生长量）表示；对于具有明显主根的种子（如花生、大豆等）可用胚根长度或胚根重量表示。

［思考题］

测定种子活力指数适用于哪种类型种子？

［参考文献］

黄学林，陈润政等．1990. 种子生理实验手册．北京：农业出版社：73～78

罗红艺．1996. 种子活力的概念及其测定．高等函授学报（自然科学版），(4)：47～49

盛焕银．2003. 种子检验的意义及工作中存在的问题．种子，(1)：84～85

3-4　α-淀粉酶与 β-淀粉酶活性的测定

［实验目的］

了解种子萌发时淀粉的水解过程，α-淀粉酶与 β-淀粉酶活性测定的原理。

［实验原理］

在种子萌发时，淀粉酶水解淀粉是重要的生理过程。在萌发的禾谷类种子中，存在 α-淀粉酶和 β-淀粉酶，其中 α-淀粉酶活性在种子发芽过程中不断增加，催化淀粉分子中的 α-1，4 糖苷键任意切断成长短不一的短链糊精及少量麦芽糖和葡萄糖。根据这个特性，以每小时生成 1mg 麦芽糖所需的酶量作为一个 α-淀粉酶的活性单位。β-淀粉酶从

淀粉的非还原性末端分解2个葡萄糖单位的α-1，4糖苷键生成麦芽糖。因此用3，5-二硝基水杨酸试剂（DNS）测定溶液中还原糖含量。

［器材与试剂］

1. 实验仪器与用具

分光光度计、水浴锅、离心机、烘箱、天平、离心管、尼龙布、烧杯、试管

2. 实验试剂

β-极限糊精：称取100mg β-极限糊精加少量水调成糊状，倒入10ml沸蒸馏水，不断搅拌加热，煮至透明。冷却后定容至10ml，为10mg/ml的β-极限糊精。

200μg/ml标准葡萄糖液：称取已在80℃烘箱中烘至恒重的葡萄糖100mg，用水定容至500ml。

0.1mol/L $Ca(Ac)_2$(pH6.0）缓冲液：称取6.8g NaAc和0.735g $Ca(Ac)_2$，溶于400ml水中，调pH至6.0，加水定容至500ml。

DNS试剂：称取10g 3，5-二硝基水杨酸溶解于水中，加20g NaOH、200g酒石酸钾钠，加水500ml，加热溶解后加重蒸酚2g，无水亚硫酸钠0.5g，加热搅拌。冷却后定容至1000ml，储藏于棕色瓶中，放置1周后使用。

0.01% I_2-KI溶液、2%可溶性淀粉、10mmol/L NaAc缓冲液（pH5.0）

3. 实验材料

玉米种子

［实验步骤］

1. 粗酶液制备：称取1g已萌动的玉米种子，加入5ml 0.1mol/L $Ca(Ac)_2$(pH6.0）缓冲液及少量石英砂，研磨至匀浆，用单层尼龙布过滤，5ml缓冲液冲洗。滤液在20 000r/min离心20min，取上清液，用10mmol/L NaAc缓冲液透析。过夜后以20 000r/min离心10min，上清液定容至25ml备用。

2. 绘制β-极限糊精标准曲线：配制浓度为0.5～4mg/ml溶液，分别取0.5ml，各加入5.0ml 0.01%I_2-KI溶液，于560nm处测定吸光度。以OD值为纵坐标，β-极限糊精含量为横坐标，绘制β-极限糊精标准曲线。

3. α-淀粉酶活力测定：取0.1～0.5ml粗酶液，加0.5ml β-极限糊精，用10mmol/L NaAc缓冲液定容至1ml摇匀后30℃保温。不同时间取0.1ml反应液，加5ml I_2-KI试剂，0.4ml水，摇匀后在560nm处测定其吸光度。根据标准曲线计算β-极限糊精含量。

4. β-淀粉酶活力测定：在具塞试管中，加5 ml 2%可溶性淀粉，1ml $Ca(Ac)_2$(pH6.0）缓冲液，3.9ml水，37℃保存5min。加入0.1ml粗酶液后，继续保温30 min。沸水中保存10min，冷却，取0.5ml样品于试管中，加入1.5ml DNS试剂，沸水浴15min，冷却，加10ml水，摇匀，测定560nm处吸光度值。

5. 绘制葡萄糖标准曲线：取标准葡萄糖溶液，稀释成一系列0～200μg/ml不同浓度溶液，按上述方法测定OD值，绘制成标准曲线，求出每1OD值相当的葡萄糖量(mg)。

［实验作业］

根据测定结果，利用公式计算玉米种子萌发不同时期的α-淀粉酶和β-淀粉酶活性。

$$酶活性（mg/ml）=\frac{K\times OD\times 25\times n}{0.5\times 0.1\times 1.9}$$

式中，n 为酶液体积稀释倍数；K 为 OD 值相当的葡萄糖量（mg）；1.9 为麦芽糖换算成葡萄糖的换算系数。

［思考题］

测定淀粉酶活性还有哪些方法？

［参考文献］

黄学林，陈润政．1990. 种子生理实验手册．北京：农业出版社：110～111

凌腾芳，林锦山，刘辉等．2006. 一种微量、快速测定植物种子β-淀粉酶活性的方法．植物学通报，23(3)：281～285

张志良，瞿伟菁．2003. 植物生理学实验指导．第三版．北京：高等教育出版社：135～137

3-5　种子粗脂肪含量的测定

［实验目的］

掌握利用索氏抽提法测定种子中的粗脂肪含量。

［实验原理］

种子中储存的脂类以中性脂肪为主，也存在油类成分。种子中的含油量与其实用价值有关。本实验介绍的索氏抽提法是采用脂肪溶液（如乙醚或石油醚），借助于索氏提取器对样品进行循环抽提，将提取的脂肪称重。

［器材与试剂］

1. 实验仪器与用具

索氏提取器、干燥器、烧杯、水浴锅、干燥箱、电子天平、脱脂滤纸、脱脂棉、镊子、药匙、夹子、橡皮管

2. 实验试剂

乙醚或石油醚

3. 实验材料

花生种子

［实验步骤］

1. 称取花生种子 2～4g，适当粉碎，80～100℃烘 4h，于干燥器内冷却。称取一定量的样品。

2. 取脱脂滤纸一张，绕成图筒形，底部褶起并封闭使其成一圆筒形纸包。将称取的样品倒入筒中，上部覆盖一层脱脂棉以防样品溢出，或将样品用脱脂棉包裹。将包装的纸筒放入索氏脂肪抽提器的提取管内，勿使纸筒的样品高于提取管中的虹吸部分。样品若是液体，应将一定体积的样品滴在滤纸上，在 60～80℃烘箱中烘干，再装入提取管中提取。

3. 抽提

将洗净的提取瓶在 105℃烘箱内烘至恒重，记下重量。加入乙醚或石油醚达提取瓶

容积的一半。将提取器各部分连接好（注意不要漏气）。在恒温水浴锅中回流提取。加热时石油醚蒸气由连接管上升到冷凝器，凝结成液体回流滴入提取管中，样品即为溶剂所提取，待石油醚液面超过虹吸管高度后，溶有脂肪的石油醚经虹吸管流入提取瓶，如此循环抽提。水浴温度调到石油醚每小时 10～20 次循环为宜，提取时间一般为 14～24h。可从提取管内吸取几滴提取液，滴于干净的滤纸上，待溶剂蒸干观察滤纸上不留油斑，则表示已提取完全。提取完后再将石油醚加入到提取管内，待石油醚液面达到虹吸管的最高处以前，取下提取瓶。

4. 称重

将提取瓶中的石油醚全部蒸干，洗净提取瓶外壁；置于 105℃烘箱中干燥至恒重，再把瓶内的脂肪倒出，将瓶洗净烘干称重。

［实验报告］

计算花生种子不同萌发时期的粗脂肪含量。

$$粗脂肪（\%）=\frac{提取瓶及瓶中脂肪重量-空提取瓶重量}{样品重量}\times 100$$

［注意事项］

1. 一般索氏法提取的为脂肪类物质的混合物，其中含有脂肪、游离脂肪酸、磷脂、固醇、芳香油、某些色素及有机酸，称为粗脂肪，其纯度与实验材料有关。

2. 因采用的脂肪溶剂沸点一般低于 60℃，而样品中结合状态的脂类主要是脂蛋白，不能被直接提取出来，需先用盐酸水解使其成为游离性脂肪，然后用脂肪溶剂提取。

3. 严禁直接用火加热索氏提取器。连接索氏提取器的接口不能涂抹凡士林以防漏气，紧接磨口即可。

［参考文献］

黄学林，陈润政等．1990．种子生理实验手册．北京：农业出版社：46～49

徐杰，苏立新．2005．索氏煮沸抽提法快速测定粮食、油料中粗脂肪含量的试验．粮油加工与食品机械，(08)：50～51

钟红舰，魏红．2004．索氏抽提法测定粗脂肪含量的改进．粮油加工与食品机械，(02)：39～40

模块 4　光合和呼吸代谢

【模块实验目的】

光合作用与呼吸作用是植物代谢的两大核心内容。前者是物质合成与能量储存过程，属于同化作用，为包括人类在内的几乎所有生物的生存提供了物质来源和能量来源，对人类和整个生物界都具有非常重要的意义；后者是物质分解与能量释放过程，属于异化作用，为生命活动提供能量。光呼吸是在光下绿色细胞发生吸氧与放出二氧化碳的过程，虽然在气体交换方面它与光合作用正好处于相反方向，但无论从发生部位、对光的依赖及在生化上的联系来看，都同光合作用具有很密切的关系。本模块实验通过测定玉米种子萌发至 2 周内的呼吸速率、线粒体 H^+-ATP 酶活性、光合速率、叶片中叶绿素含量及乙醇酸氧化酶活性，了解研究植物的光合和呼吸代谢的基本方法。

【流程图】

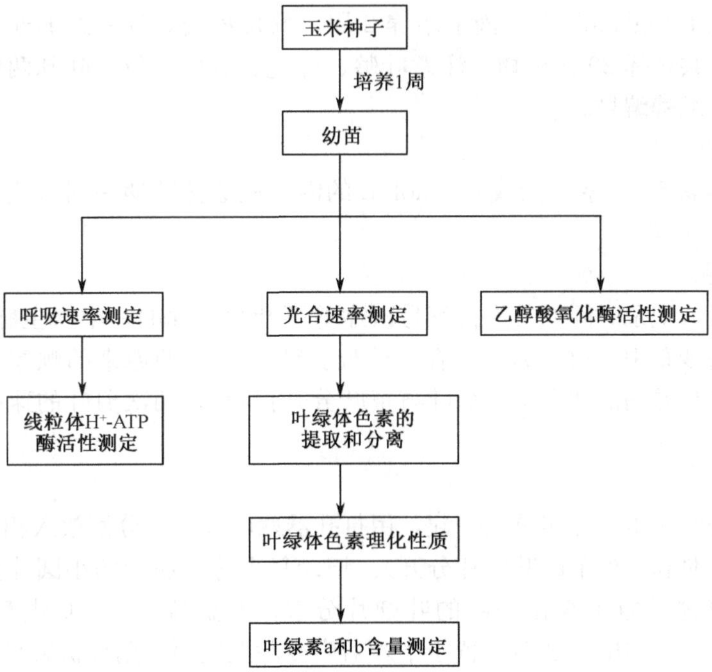

4-1　光合速率的测定

Ⅰ　改良半叶法

[实验目的]

学习用改良半叶法测定植物的光合速率。

［实验原理］

植物叶片的主脉两侧对称，叶面积基本相等，其形态和生理功能也基本一致。用物理或化学方法处理叶柄或茎的韧皮部，保留木质部，以阻断叶片光合产物的外运，同时保证正常水分供应。然后，将对称叶片的一侧取下置于暗中，另一侧留在植株上保持光照，继续光合作用。一定时间后，测定光下和暗中叶片的干重差，即为光合作用积累的干物质量。通过公式计算出光合速率，乘以系数后可计算出 CO_2 的同化量。

［器材与试剂］

1. 实验仪器与用具

烘箱、分析天平、干燥器、剪刀、湿纱布、带盖磁盘、小纸牌、铅笔、镊子、打孔器、记号笔、称量瓶

2. 实验试剂

5％三氯乙酸、0.3mol/L 丙二酸

3. 实验材料

水稻幼苗、玉米幼苗

［实验步骤］

1. 取样

玉米种子在 Hoagland's 营养液上培养 2 周，取长势较好且一致的幼苗，每株幼苗选择 1 片叶片，共选择 20 株植物，注意叶龄、叶色、着生节位、叶脉两侧和受光条件尽量保持一致。纸牌编号。

2. 处理叶柄

用棉花球蘸取 5％三氯乙酸或 0.3mol/L 的丙二酸涂抹叶柄一周（注意勿使抑制液流到植株上）。

3. 剪取样品

叶柄处理后，记录时间，首先按编号次序剪下叶片对称的一半（主脉留下），并按顺序夹在湿润的纱布中，放入磁盘，存于暗处。5h 后，按照原来的顺序，依次剪下叶片的另一半，夹在湿润的纱布中（绿叶与黄叶分开保存）。两次剪叶的速度应尽量保持一致。

4. 称干重

将相同编号的两半叶片照叠在一起，用打孔器取叶圆片，分别放入相应编号的称量瓶中（注意将光照和暗处下的叶圆片分开）。记录每个称量瓶中的小圆片数量。尽可能多取叶圆片，将称量瓶中叠在一起的叶圆片分散，开盖置于 105℃烘箱中烘 10min，80℃烘干至恒重（2～4h）。加盖，置于干燥器中冷却至室温，用分析天平称重。

［实验作业］

根据实验结果，计算光合作用速率，并进行 t 检测（请参考模块 16）。

$$光合速率(mg 干重 \cdot m^{-2} \cdot s^{-1}) = (W_2 - W_1)/(A \cdot t)$$

式中，W_2 为照光半叶的叶圆片干重（mg）；W_1 为暗中半叶的叶圆片干重（mg）；A 为总叶圆片面积（m^2）；t 为照光时间（s）。

若将干物质乘以系数 1.5，便可得 CO_2 的同化量，以 $mgCO_2 \cdot m^{-2} \cdot s^{-1}$ 表示。

［思考题］

本实验中所测得干物质量重乘以系数 1.5，便可得 CO_2 的同化量，请问系数 1.5 的来源？

［实验扩展］

有三种方法阻止叶片光合作用产物的外运：①用刀片将叶柄的外层（韧皮部）环割 0.5cm 左右，用锡纸或塑料套管包起来保持叶柄原来的状态；②用棉花球或纱布条，在 90℃开水中浸泡后，烫叶柄基部 0.5min，叶柄出现明显的水浸状即可；③用 5%三氯乙酸或 0.3mol/L 的丙二酸抑制处理叶柄。

选用哪种方法处理叶柄，视植物材料而定。一般双子叶植物韧皮部和木质部容易分开，宜采用环割法；单子叶植物（如小麦和水稻）韧皮部和木质部难以分开，宜使用烫伤法；而叶柄木质化程度低，易被折断，叶片采用化学试剂抑制法可得到较好的效果。

Ⅱ　LI-6400 测定系统

［实验目的］

学习使用 LI-6400 光合作用测定系统测定植物光合速率。

［实验原理］

LI-6400 仪根据气体与叶室气体 CO_2 浓度差、气体流速、叶面积等参数，计算光合速率和呼吸速率；同时可根据参考气体与叶室气体 H_2O 浓度差、气体流通、叶面积等参数计算蒸腾速率；根据参考气体 H_2O 与叶室 H_2O 浓度与蒸腾速率计算叶面水分总导度；又据此以叶片两面的气孔密度比率计算水分气孔导度即气孔导度（其倒数即为气孔阻力）；根据气孔水分导度、叶片两面气孔密度比率、叶面边界层阻力计算气孔对 CO_2 的导度；最后，据气孔 CO_2 导度、蒸腾速率、参考气体 CO_2 浓度、光合速率计算细胞间 CO_2 浓度（Ci）。所有运算均由仪器内部的计算机系统完成，可在仪器的荧光屏上直接读数。

另外，叶室内装有温度与湿度探头，外有光照强度探头。在测定过程中能够自动记录的重要环境参数有：大气 CO_2 浓度、大气湿度、叶面温度、大气温度、光照强度等。上述植物生理指标与环境参数测定可在数秒内完成。

［器材与试剂］

1. 实验仪器与用具

LI-6400 光合作用测定仪

2. 实验材料

水稻幼苗、玉米幼苗

［实验步骤］

1. 仪器标定

在使用 LI-6400 前进行标定，约需 1h。需要使用标准 CO_2 气体（浓度高于被测环境 CO_2 浓度）和湿度发生器（需购买）。标定要点如下：

（1）在开机（Open）状态下，按 f4 键，进入测定（New Measurement）状态。

（2）进入开机（Open）状态，按 f3 键，进入标定（Calibration）状态。

（3）将 CO_2 去除剂（碱石灰）和水分干燥剂（均在主机左侧）上方的开关彻底打

开（逆时针方向），这样气流经 CO_2 去除剂和水分干燥剂后，变成无 CO_2 和 H_2O 的空气进入红外分析部位。

（4）选择“流速调零”（Flow Rate Zero），调节气体流速为 0，以电信号±1mV/min 为准。用荧屏左右的上下红色箭头键调节（下同）。

（5）选择“红外气体分析仪调零”（IRGA Zero）。调 CO_2 为零，再调 H_2O 为零，用 f1，f2，f3 功能键调节。要求 CO_2 达到 ±0.15μmol/mol，H_2O 达到 ±0.01mmol/mol。

（6）将 CO_2 去除剂和 H_2O 干燥剂开关彻底关闭（顺时针方向，说明书上未提及此步骤）。然后将探头上进入样品分析室的塑料管（带黑色环者）打开，并与标准 CO_2 钢瓶塑料管连接。

（7）选择“红外气体分析仪调跨度”（IRGA Span），然后分别调 CO_2-A 和 CO_2-B（参考气体和样品气体 CO_2 红外分析仪，下同），用上下箭头调节，直至与标准气体 CO_2 浓度相差±1μmol/mol。

（8）将上述打开处与 LI-6400 露点湿度发生器连接。在 LI-6400 随带的室温、相对湿度与露点温度关系图上查出在标定工作环境温度下希望得到的相对湿度（应以测定地点的环境湿度为准），并在 LI-6400 上设置该温度。在 IRGA Span 状态下，选择 H_2O-A 和 H_2O-B（参考气体和样品红外 H_2O 红外分析仪，下同），并以 LI-6400 标定之，以露点温度相差 0.01℃为准。

（9）完成上述标定后，选择 STORE flow Rate（流速调零存盘）和 Sore Zero & Span Information（红外分析仪调零、调跨度存盘）存储标定参数，这样仪器即可在标定的状态下工作。

若一天内需要连续测定，则在早晨标定。

2. 测定

（1）在 Open 状态下，按 f4 键，进入 New Measurement（测定）状态。

（2）打开叶室，夹住被测植物叶片，使叶在叶室内的方向与其着生方向一致（用自动光源时不必做此要求）。若被测叶片面积＜$6cm^2$，则应准备塑料袋采集新鲜标本，待野外测定完成后回室内测定叶面积，或来不及测定时可暂存冰箱内待测。

（3）待荧屏上 CO_2-A、CO_2-B、H_2O-A、H_2O-B、光合作用、蒸腾作用等显示的数据基本稳定后（约需 3min），按数字 6，进入 Autolog（自动存储）状态。测定过程中，LI-6400 有三种数据存储命令，另两种为 Log（存储）和 Std File Dialog（以文件形式的数据存储）。三种方式比较起来以 Autolog 易操作。

（4）在 Autolog 状态，给定文件名，输入测定次数（3 或 4 次即可）、时间间隔（8～10s 即可）、仪器自动平衡（Automatch）的次数（2 次即可）。

（5）按数字 1，观察仪器测定和存储数据的次数，待完成给定的次数后，按 f3 关闭文件，进行下次测定。

（6）如在同一天内进行多次测定，可连续使用同一文件名，只是在 Remark（标志）时，以不同的植物名称或地点或样品号区别之。

（7）测定呼吸作用时，将叶室完全遮光，所测得的净光合速率即为呼吸速率。

3. 数据转存计算机

LI-6400内存空间较小，约存20个文件（相当于连续20天的观测数据文件）后，空间即满，必须将数据转存计算机并删除文件腾出空间后仪器才能继续工作。LI-6400自备与计算机兼容的软件，将其装入计算机后可通过数据线将数据转入计算机。

（1）在Open状态下，按f3进入Utility（应用）状态。

（2）在要转移的文件前标志（按回车键即可，再次按动则标志消失），联机后用Prnit命令将数据转移。

（3）读出玉米幼苗的净光合速率（Pn）及净呼吸速率。

[实验作业]

自选材料，利用LI-6400测定植物的光合作用日变化。

[思考题]

如果用LI-6400测定植物叶片的呼吸速率，需注意什么？

4-2 叶绿体色素的提取和分离

[实验目的]

了解和掌握叶绿体色素提取、分离的原理和方法。

[实验原理]

叶绿体中含有绿色素（包括叶绿素a和叶绿素b）和黄色素（包括胡萝卜素和叶黄素）两大类。它们与类囊体膜相结合成为色素蛋白复合体。这两类色素都不溶于水，而溶于有机溶剂，故可用乙醇、丙酮等有机溶剂提取。提取液可用色谱分析的原理加以分离。因吸附剂对不同物质的吸附力不同，当用适当的溶剂推动时，混合物中各种成分在两相（固定相和流动相）间具有不同的分配系数，所以移动速度不同，经过一定时间后，可分开各种色素。

[器材与试剂]

1. 实验仪器与用具

研钵、漏斗、剪刀、滴管、圆形滤纸（直径11cm）、层析缸

2. 实验试剂

丙酮、甲醇、石英砂、碳酸钙、无水硫酸钠、四氯化碳、乙醚

3. 实验材料

玉米幼苗叶片

[实验步骤]

1. 叶绿体色素的提取：取新鲜叶片4g，洗净，擦干，去掉中脉，剪碎，放入研钵中，研钵中加2～3ml 95%乙醇，研磨至匀浆，再加10～15ml 95%乙醇，提取3～5min，过滤，残渣用5ml 95%乙醇冲洗，合并滤液，定容至25ml。

2. 将展层用的圆形滤纸剪成2cm×20cm的纸条，其中一端剪去两侧，中间留一窄条，长约1.5cm，宽约0.54cm。

3. 用滴管吸取乙醇叶绿体色素提取液，点于窄条上方，一次点的溶液不可过多，风干后，重复操作。

4. 在层析缸中加入四氯化碳 3～5ml 及少许无水硫酸钠，将滤纸条插入层析缸内，使其浸入溶剂中，注意色素点样点要稍高于液面，待展层液达滤纸上沿 1.5～2cm 时，停止展层，用铅笔标出溶液前沿，风干。

[实验作业]

用铅笔标出滤纸上分离的各种色素位置，写出名称，分析原因。

4-3 叶绿体色素的理化性质

[实验目的]

掌握植物中叶绿体色素分离及定性分析的原理和方法。

[实验原理]

叶绿素是二羧酸酯，与强碱反应形成绿色的可溶性叶绿素盐，可与有机溶剂中的类胡萝卜素分开；在酸性或加温条件下，叶绿素卟啉环中的 Mg^{2+} 可依次被 H^+ 和 Cu^{2+} 取代，形成褐色的去镁叶绿素和绿色的铜代叶绿素；叶绿素受光激发，可发出红色荧光，反射光下可见红色荧光。

[器材与试剂]

1. 实验仪器与用具

分光光度计、电子天平、量筒、研钵、剪刀、漏斗、滤纸、移液管（1ml）、试管、试管架、洗耳球、酒精灯

2. 实验试剂

丙酮、80%丙酮、乙酸铜、5%盐酸、碳酸钙、石英砂等

3. 实验材料

水稻叶片、玉米幼苗叶片

[实验步骤]

1. 叶绿体色素的提取

取植物新鲜叶片 0.3g，洗净，擦干，去掉中脉，剪碎，放入研钵中。加入少量石英砂及碳酸钙粉末，2～3ml 95%乙醇，研磨至匀浆。再加入 2～3ml 95%乙醇，过滤，即得色素提取液。提取的叶绿体色素溶液适当稀释后，可进行后面实验。

2. 荧光现象的观察

取 1 支试管，加入未稀释的色素提取液，在直射光下，分别观察透射光与反射光溶液的颜色。

3. 氢和铜对叶绿素分子中镁的取代作用

取两支试管。分别加入色素提取液 2ml，第一支试管作为对照；第二支试管另加 1 滴稀盐酸，摇匀，观察溶液颜色变化。第二支试管内的溶液变褐色后，再加入少量乙酸铜粉末，微微加热，与对照试管比较，观察溶液颜色变化。

4. 皂化作用（绿色素与黄色素的分离）

取叶绿体色素提取液 2ml 于大试管中，加入 4ml 乙醚，摇匀，再沿试管壁慢慢加入 3～6ml 蒸馏水，轻轻混匀，静置片刻，溶液即分为两层，色素已全部转入上层乙醚中。用滴管吸取上层绿色层溶液，放入另一试管中，再用蒸馏水冲洗 1 或 2 次。在色素

乙醚溶液中加入 30%KOH-甲醇溶液，充分摇匀，再加入蒸馏水约 3ml，摇匀静置。可以看到溶液逐渐分为两层，下层是水溶液，其中溶有皂化的叶绿素 a 和 b；上层是乙醚溶液，其中溶有黄色的胡萝卜素和叶黄素。将上下层分别放入两试管中，可供观察吸收光谱用。

5. 叶绿体色素吸收光谱曲线

将叶绿体色素提取液注入 1cm 比色杯中，另取 95%乙醇作空白，用分光光度计测定 400～700nm 的光密度值（间隔 10nm 读取）。

［实验作业］

根据测定结果，以波长为横坐标，以光密度为纵坐标绘制玉米叶片的叶绿体色素的吸收光谱曲线。用同样的方法测定皂化作用中分离的绿色素与黄色素的吸收光谱曲线，分析结果。

4-4　叶绿素含量的测定

［实验目的］

掌握测定叶绿素 a 和 b 含量的方法及计算。

［实验原理］

根据叶绿体色素提取液对可见光谱的吸收，利用分光光度计在某一特定波长测定其吸光度，即可用公式计算出提取液中各色素的含量。根据朗伯-比尔（Lambert-Beer）定律，某有色溶液的吸光度 A 与其中溶质浓度 C 和液层厚度 L 成正比，即 $A=\alpha CL$。式中，α 为比例常数，当溶液浓度以百分浓度为单位，液层厚度为 1cm 时，α 为该物质的吸光系数。各种有色物质溶液在不同波长下的吸光系数可通过测定已知浓度的纯物质在不同波长下的吸光度而求得。如果溶液中有数种吸光物质，则此混合液在某一波长下的总吸光度等于各组分在相应波长下吸光度的总和，这就是吸光度的加和性。现欲测定叶绿体色素混合提取液中叶绿素 a、b 和类胡萝卜素的含量，只需测定该提取液在 3 个特定波长下的吸光度 A，并根据叶绿素 a、b 及类胡萝卜素在该波长下的吸光系数即可求出其浓度。在测定叶绿素 a、b 时为了排除类胡萝卜素的干扰，所用单色光的波长选择叶绿素在红光区的最大吸收峰。

［器材与试剂］

1. 实验仪器与用具

分光光度计、电子天平、研钵、棕色容量瓶、小漏斗、吸水纸、擦镜纸、滴管、滤纸

2. 实验试剂

丙酮、石英砂、碳酸钙粉

3. 实验材料

水稻幼苗、玉米幼苗叶片

［实验步骤］

1. 取新鲜植物叶片，擦净，剪碎（去掉中脉），混匀。

2. 称取剪碎的新鲜样品 0.3g，加少量石英砂和碳酸钙粉及 5ml 纯丙酮，研磨成匀浆，再加 80%丙酮 5ml，在暗处静置 5～10min，充分提取色素。

3. 取滤纸1张，置漏斗中，用丙酮湿润，沿玻璃棒把提取液倒入漏斗中，过滤到25ml棕色容量瓶中，用少量丙酮冲洗研钵、研棒及残渣数次，滤液同残渣一起倒入漏斗中。

4. 用滴管吸取丙酮，将滤纸上的叶绿体色素全部洗入容量瓶中，直至滤纸和残渣中无绿色为止。最后用乙醇定容至25ml，摇匀。

5. 以80%丙酮为空白，分别测定663nm、645nm处的吸光度。

[实验作业]

根据公式，计算水稻叶片或玉米叶片的叶绿素a和叶绿素b的浓度（mg/L）：

$$Ca=12.7A_{663}-2.69A_{645}$$

$$Cb=22.9A_{645}-4.68A_{663}$$

$$\text{总叶绿素浓度}=Ca+Cb$$

求出植物组织中叶绿素的含量（mg/g）：

$$\text{叶绿素的含量（mg/g）}=\frac{\text{（叶绿素的浓度×提取液体积×稀释倍数）}}{\text{样品鲜重（或干重）}}$$

[思考题]

叶绿体色素提取过程中使用的为纯丙酮，而叶绿素的提取过程中使用的是80%的丙酮，试说明原因？

[实验扩展]

1. 由于叶绿体色素在不同溶剂中的吸收光谱有差异，因此，在使用其他溶剂提取色素时，计算公式也有所不同。叶绿素a、叶绿素b在95%乙醇提取液中最大吸收峰的波长分别为665nm和649nm，计算公式为：

$$Ca=13.95A_{665}-6.88A_{649}$$

$$Ca=24.96A_{649}-7.32A_{665}$$

2. 在有叶绿素存在的条件下，用分光光度法可同时测定出提取溶液中类胡萝卜素的含量。类胡萝卜素在95%乙醇提取液中最大吸收峰为470nm，计算其浓度的公式为

$$C_c=(1000A_{470}-2.05C_a-114.8C_b)/245$$

4-5 呼吸速率的测定

[实验目的]

掌握小篮子法测定植物呼吸速率。

[实验原理]

植物进行呼吸作用时放出CO_2，计算一定的植物样品在单位时间内放出CO_2的数量，即为该样品的呼吸强度。呼吸放出的CO_2可用氢氧化钡溶液吸收，实验结束后用已知浓度的草酸溶液滴定剩余的碱液，从空白和样品消耗草酸溶液之差即可计算出呼吸过程中释放的CO_2的量。

[器材与试剂]

1. 实验仪器与用具

广口瓶呼吸测定装置：500ml广口瓶，瓶口用打有三孔的橡皮塞塞紧，一孔插一盛

碱石灰的干燥管，一孔插温度计，一孔直径约 1cm，供滴定用；天平；计时器；酸式及碱式滴定管；温度计

2. 实验试剂

0.05mol/L Ba（OH）$_2$：称取 Ba（OH）$_2$ 8.6g 溶于 1000ml 蒸馏水中。

1/44mol/L 草酸溶液：准确称取重结晶的 $H_2C_2O_4 \cdot 2H_2O$ 2.8651g 溶于蒸馏水中定容至 1000ml，每毫升相当于 1mg CO_2。

酚酞指示剂：1g 酚酞溶于 100ml 95%乙醇中，储于滴瓶中。

3. 实验材料

水稻幼苗、玉米幼苗

[实验步骤]

1. 取 500ml 广口瓶一个，瓶口用打有三孔的橡皮塞塞紧，一孔插一盛碱石灰的干燥管，使呼吸过程中能进入无 CO_2 的空气，一孔插温度计，供滴孔先用一小橡皮塞塞紧，瓶塞下面挂一铁丝或尼龙网编的小篮，以便装植物样品。

2. 在瓶口准确加入约 0.05mol/L 的 Ba(OH)$_2$溶液 20ml，立即塞紧橡皮塞（不带小篮），充分摇动广口瓶 2min，待瓶内 CO_2全部被吸收后，拔出小橡皮管塞，加入酚酞指示剂 2 滴，把滴定管插入孔中，用标准草酸溶液进行空白滴定，直到红色刚刚消失为止，记录所用草酸体积（V_0/ml），倒出废液。

3. 用无 CO_2的蒸馏水（煮沸过的）洗净后，加入 Ba（OH）$_2$溶液 20ml，用黑色胶带包住广口瓶，将 5～10 株幼苗小心装入小篮子中，挂于橡皮塞下，塞紧瓶塞，于黑暗中开始记录时间，每 10min 左右轻轻摇动数次，使溶液表面的 $BaCO_3$ 薄膜破坏，有利于充分吸收 CO_2，30min 后用草酸滴定，方法如步骤 2，记录所用标准草酸溶液体积 V_1（ml）。

[实验作业]

根据测定结果，计算绿豆幼苗的呼吸速率。

$$\text{呼吸强度}\ [\text{ml}\ CO_2/(\text{g 鲜重} \cdot \text{h})] = \frac{(V_1 - V_0)}{W \cdot t}$$

式中，V_0为空白滴定用去的草酸量（ml）；V_1为样品滴定用去的草酸量（ml）；W 为植株鲜重（g）；t 为测定时间（h）。

[注意事项]

实验过程中防止口鼻中呼出的气体进入瓶内！

[思考题]

1. 测定植物呼吸速率有哪些方法？其特点如何？
2. 测定玉米种子的呼吸速率，如何改进实验条件和方法？

4-6　乙醇酸氧化酶活性的测定

[实验目的]

掌握测定乙醇酸氧化酶活性的方法。

［实验原理］

乙醇酸氧化酶在光呼吸作用中起重要的作用，在它的作用下，乙醇酸氧化生成乙醛酸和过氧化氢。以盐酸半胱氨酸为氢受体，接受乙醇酸氧化时脱下的 H^+，在 340nm 处有最大吸收，利用其吸光度的变化，即可对酶的活性进行比色测定。

$$\begin{array}{c} CH_2OH \\ | \\ COOH \end{array} + O_2 \xrightarrow{\text{乙醇酸氧化酶}} \begin{array}{c} CHO \\ | \\ COOH \end{array} + H_2O_2$$

乙醇酸　　　　乙醛酸

［器材与试剂］

1. 实验仪器与用具

分光光度计、冷冻离心机、天平、试管架、试管

2. 实验试剂

提取液：100mmol/L Tris-HCl 缓冲液（7mmol/L 巯基乙醇，1mmol/L EDTA，5%甘油和 1%PVP，pH8.2）。

反应液：0.5mol/L Tris-HCl 缓冲液 pH8.0、0.1mol/L 盐酸半胱氨酸、0.1mol/L 盐酸苯肼、酶提取液 0.1ml。

氮气、0.1mol/L 乙醇酸钠、硫酸铵

3. 实验材料

菠菜幼苗、烟草幼苗

［实验步骤］

1. 酶液提取

新鲜菠菜叶或烟草叶，自来水洗净，用吸水纸吸干，称取 30g，加 30～60ml 蒸馏水，在 0～5℃下研磨，经 4 层纱布过滤，滤液于 1000r/min 离心 15min，取上清液，调节 pH 至 5.4，再于 4000r/min 离心 15min，除去蛋白质沉淀。加入硫酸铵，使达到 20%饱和度（见附录），在磁力搅拌器上边加边不停地搅动 30min，离心除去沉淀，于上清液中再加入硫酸铵，达到 30%饱和度，离心 20min，沉淀即为酶的粗制品。用少量 0.02mol/L 磷酸钾缓冲液（pH8.0）溶解，使其体积为开始提取液体积的 1/10，保存于冰箱中，待测。

2. 酶活性测定

在试管中加入 2.9ml 反应液，通气 30s，30℃水浴 10min，加入 0.1mol/L 乙醇酸钠 0.1ml，启动反应，在 324nm 下测定 20min，每分钟记录一次 OD 值。

酶活性 $= \Delta A \times V / (\xi \times d \times \Delta t \times v \times c)$

单位：(μmol · min^{-1} · mg^{-1})

式中，$\Delta A = E_0 - E_1$；V 为反应液体积（3ml）；v 为加入酶液的体积（ml）；C 为蛋白质含量 mg · ml^{-1}；Δt 为时间差；ξ 为 5.67，每微摩尔半胱氨酸在 340nm 处的光密度；E_0 为反应起始时的吸光值；E_1 为反应结束后的吸光值；d 为比色杯直径。

［实验作业］

比较不同发育时期的植株叶片乙醇酸氧化酶的活性。将每分钟使 A_{620} 下降 0.01 所需的酶量定为 1 个酶活性单位，或用每分钟使 A_{620} 下降 0.01 所需的材料鲜重表示酶的活性。

［思考题］

大田生产中如何减少光呼吸对产量的影响？

［参考文献］

叶庆生，潘瑞炽，丘才新.1993. 墨兰光合途径的研究. 植物学报，35（6）：441～446

4-7 线粒体膜 H^+-ATP 酶活性的测定

［实验目的］

掌握线粒体膜 H^+-ATP 酶活性的测定方法。

［实验原理］

ATP 酶（adenosinetriphosphatase）可催化 ATP 水解生成 ADP 及无机磷，这一反应放出大量能量，以供植物体的需能生命过程。它存在于细胞质膜、叶绿体类囊体膜及线粒体膜，对整个生命的维持有着重要的作用。在生物学研究中，常通过测定酶促反应释放的无机磷量或 ATP 的减少量，以及 pH 变化等来测定 ATP 酶的活力。本实验通过测定酶促反应过程中无机磷的释放量，以测定线粒体膜 H^+-ATP 酶活性。

［器材与试剂］

1. 实验仪器与用具

分光光度计、冷冻离心机、研钵、试管、滴管等

2. 实验试剂

研磨缓冲液：Hepes-Tris 25mmol/L（pH8.0），甘露醇 250mmol/L，EGTA 5mmol/L，EDTA 5mmol/L，KCl 10mmol/L，PMSF 2mmol/L，1.5% PVP，0.5% BSA，BHT 5μg/L，$K_2S_2O_5$ 5mmol/L，DTT 1mmol/L（用前加入）。

反应混合液：Hepes-Tris 30mmol/L（pH8.0），$MgSO_4$ 3mmol/L，Na_3VO_4 0.1 mmol/L，$NaNO_3$ 50mmol/L，KCl 50mmol/L，0.1mmol/L 钼酸铵。

钒钼酸铵溶液：25.0g 钼酸铵溶于 400ml 水中，另将 1.25g 偏钒酸铵溶于 300ml 沸水中，冷却后加入 250ml 浓 HNO_3，将钼酸铵溶液缓缓注入钒酸铵溶液中，不断搅匀，最后加水稀释到 1L，储存于棕色瓶中。

6mol/L NaOH 溶液：24gNaOH 溶于水，稀释至 100ml。

0.2%二硝基酚指示剂：0.2g 2，6-二硝基酚或 2，4-二硝基酚溶于 100ml 水中。

磷标准液：50mg/L 磷［0.2195g 干燥的 KH_2PO_4（分析纯）溶于水，加入 5ml 浓 H_2SO_4，于 1L 容量瓶中定容，装入塑料瓶中低温保存］。

蛋白质含量测定：考马斯亮蓝法，请参考实验 6-3。

3. 实验材料：

水稻、玉米

［实验步骤 ］

1. 线粒体膜提取

取叶片约 10g，加入 2 倍体积预冷的研磨缓冲液，在 0～4℃条件下研磨。匀浆经 2 层纱布过滤，1800*g* 离心 12min，上清液在 17 000*g* 离心 20min，沉淀悬浮于悬浮液，即得线粒体悬浮液，用于 H^+-ATP 酶活性测定。

2. 线粒体膜蛋白含量测定

以牛血清白蛋白为标准蛋白，方法参照实验 6-3。

3. H^+-ATP 酶活性测定

膜蛋白 20～40μg 溶于 0.5ml 反应混合液，用 50μl 30mmol/L 的 ATP-Tris (pH8.0) 启动反应，37℃下反应 30min，用 55%TCA 50μl 终止反应。分别测定反应前和反应后释放无机磷量。

4. 无机磷含量测定

反应体系加 1 滴二硝基酚指示剂，滴加 6mol/L NaOH 中和至刚呈黄色，加入 0.5ml 钒钼酸铵试剂，用水定容至 5ml。15min 后在波长 450nm 处进行测定，以反应开启前的混合溶液为对照。

标准曲线：准确吸取 50μg/L 磷标准液 0、1、2.5、5、7.5、10、15ml 分别放入 50ml 容量瓶中，按上述步骤显色，即得 0、1.0、2.5、5.0、7.5、10、15μg/ml 磷标准系列溶液，与待测液一起测定，读取吸光度，然后绘制标准曲线或求直线回归方程。

结果计算： $P(\%) = \rho \cdot V \cdot ts \times 10^{-4}/m$；

式中，ρ 为显色液 P 的质量浓度（μg/ml）；V 为显色液体积（ml）；ts 为分取倍数；m 为干样品质量（g）；10^{-4} 为将 μg/L 浓度单位换算为百分含量的换算系数。

［实验作业］

根据实验结果，计算试材线粒体 H^+-ATP 酶活性［每 mg 膜蛋白单位时间内水解 ATP 或 PPi 所释放的 Pi 的量（$\mu mol \cdot mg^{-1} \cdot h^{-1}$）］。

［思考题］

本方法为什么将酶促反应时间定为 30min？如果测定新的试验材料，如何确定酶促反应时间？

［参考文献］

何龙飞，沈振国，刘友良. 1999. 铝胁迫对小麦根系液泡膜 ATP 酶、焦磷酸酶活性和膜脂组成的效应. 植物生理学报，25(4)：350～356

模块 5　温度和光对开花的影响

【模块实验目的】

植物成年后，在一定的环境因素影响下，营养顶端转变为生殖顶端而实现开花。通常，花的早期发育包括成花诱导、形成花原基以及花器官的形成和发育 3 个阶段。其中成花诱导是关键的第一步。应用现代遗传学理论和分子生物学手段，以拟南芥、金鱼草、矮牵牛等为研究材料，已提出 4 条成花诱导途径，即光周期途径（photoperiodic pathway）、自主/春化途径（autonomous/vernalization pathway）、碳水化合物（或蔗糖）途径及赤霉素途径（gibberellin pathway）。至今克隆和鉴定了一批与 4 条途径相关的基因，如光周期途径中的 *CO* 基因、自主/春化途径中的 *FLC* 基因等，4 条途径都将集中于 *AGL*20/*SCO*1 或 *FT* 的表达，它们通过整合 4 条途径传来的信号而调节下游花分生组织决定基因 *LEAFY*（*LFY*）和器官决定基因，即 ABCDE 花同源异型基因的表达，实现花器官的形成，完成花发育的早期阶段。本模块实验在于了解低温与光周期如何影响模式植物拟南芥的开花。

【流程图】

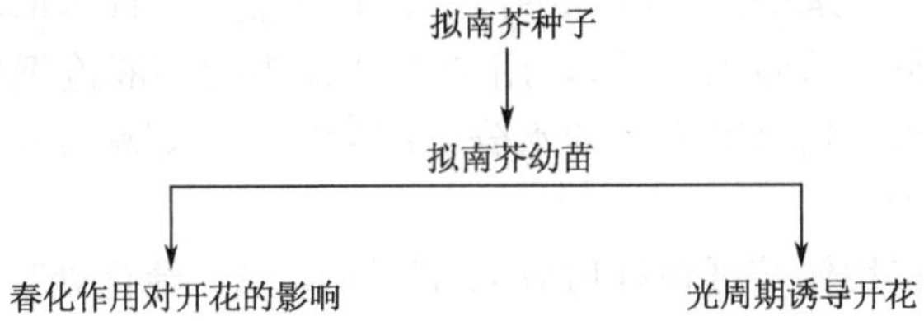

5-1　春化作用对开花的影响

［实验目的］

以模式植物拟南芥为材料，研究春化作用对开花时间的影响，为研究环境因子调控植物开花的机制奠定基础。

［实验原理］

春化作用：低温诱导植物开花的过程，称为春化作用（vernalization）。一些两年生植物（如芹菜、萝卜、白菜等）和一些冬性一年生植物（如冬小麦、冬黑麦、拟南芥等）需要春化作用诱导开花。春化作用的低温为 0～10℃，最适温度是 1～7℃，具体有效温度和低温持续时间根据植物种类而定。如果温度低于 0℃，代谢被抑制，春化过程不能完成。在春化过程结束之前遇到高温，低温效果会削弱甚至消除，这种现象称为脱春化作用（devernalization）。种子萌发时感受低温的部位是胚，营养体时期的感受部位为茎尖以及发生细胞分裂的幼嫩叶片和叶柄等部位。

模式植物拟南芥种子需要在 4℃条件下诱导 2～4d，以促进种子的同步萌发。拟南芥的开花标志是茎尖开始抽出花序轴，即营养生长的顶部出现白色花苞，计算从播种到此时的天数即为拟南芥的开花时间。开花时间的另一种表示方法是统计茎尖出现白色花苞时拟南芥的总叶片数。

［器材与试剂］

1. 实验仪器与用具

250ml 锥形瓶、10cm 玻璃培养皿、封口膜、1.5ml 离心管、1ml 移液枪、1ml 吸头、多孔拟南芥塑料培养盘、营养土、光照培养箱、冰箱、电炉、灭菌锅、烧杯、量筒

2. 实验试剂

70%乙醇：无水乙醇 70ml，无菌水 30ml。

1%NaClO：NaClO（有效氯≥10%）10ml，无菌水 90ml。

MS 培养基：配方见附录，含 1.5%蔗糖和 0.8%琼脂。

3. 实验材料

拟南芥

［实验步骤］

1. MS 培养基的配制

MS 基本培养基＋ 8g/L 琼脂 ＋ 15g/L 蔗糖（pH5.6～5.7），灭菌后每个 10cm 培养皿倒 25ml 左右的培养基。

2. 种子的消毒与播种

取哥伦比亚生态型的野生型拟南芥种子 0.5g，分装到 4 个 1.5ml 的离心管中，在超净工作台上，用 70%乙醇表面消毒 30s，用含有效氯 1%的 NaClO 消毒 10min，无菌水冲洗 5 或 6 次（用移液枪吸取水分），用带 1ml 枪头的移液枪把拟南芥种子播种在准备好的 MS 平板上，吹干培养基表面的水分，用封口膜封好培养皿。

3. 种子的春化处理

把播种后的培养皿用锡箔纸包好后放入 4℃冰箱中，春化处理组需要放置 21d，对照组放置 3d。

4. 幼苗培养

光照培养箱的培养条件为光强 100～120μmol・m^{-2}・s^{-1}，湿度为 60%～80%，温度为 21～23℃，光照时间为 16h，黑暗 8h。

5. 拟南芥营养土的准备

在拟南芥幼苗从培养皿中移出前一天，用自来水浸泡营养土 12～24h，以手捏一把土后手指缝之间有水但不会滴下为宜。

6. 幼苗移栽

拟南芥幼苗在培养皿上长出 3 或 4 片真叶时（在光照培养箱中培养 11d 左右），移栽到营养土中。每个穴盘种 1 棵幼苗，用透明的保鲜膜或者塑料盖覆盖培养盘，置于光照培养箱中培养（条件与上述培养皿中幼苗培养相同），3d 后揭去覆盖物。

［实验作业］

1. 统计开花时间。当拟南芥幼苗顶端出现白点（即观察到第一个花芽）时做记录，统计此时每株幼苗的总叶片数。

2. 比较开花时间。列表显示对照组和处理组幼苗第一个花芽出现时总叶片的平均数目和萌发后至花芽出现的平均天数，比较开花的时间。

［注意事项］

1. 灭菌后的MS培养基pH控制在5.6～5.7。

2. 播种拟南芥种子数不要太多，每个培养皿播种30～40粒，使幼苗保持均匀的生长状态。

3. 4℃春化处理时注意保持黑暗。

［实验扩展］

以实验步骤3中的对照组（4℃，3d）与处理组（4℃，21d）分别作为两个对照组，再设3个处理组，在4℃分别处理5 d、10 d、15 d后转入21～23℃，其余培养条件与统计方法相同。分析实验结果。

［思考题］

1. 春化处理不同时间的拟南芥种子，再用高温处理后，开花时间会有什么变化？

2. 能否利用拟南芥的幼苗进行春化作用处理？

［参考文献］

Chandler J, Wilson A, Dean C. 1996. *Arabidopsis* mutants showing an altered response to vernalization. Plant Journal, 10: 637～644

Chinoy J J. 1950. Effect of vernalization and photoperiodic treatments on growth and development of wheat. Nature, 165: 882

Fait A, Angelovici R, Less H, et al. 2006. *Arabidopsis* seed development and germination is associated with temporally distinct metabolic switches. Plant Physiology, 142: 839～854

5-2 光周期诱导开花

［实验目的］

了解模式植物拟南芥发育过程中光周期诱导和夜间断对花期的调控作用，以及该调控作用发生的可能时期。

［实验原理］

植物对白天和黑夜的相对长度反应，称为光周期现象（photoperiodism）。日照长度必须长于一定时数才能开花的植物称为长日植物（long-day plant, LDP）；短日植物（short-day plant, SDP）是指日照长度必须短于一定时数才能开花的植物；在任何日照条件下都可以开花的为日中性植物（day-neutral plant, DNP）。临界日长（critical day-length）是指昼夜周期中诱导短日植物开花所必需的最长日照或诱导长日植物开花所必需的最短日照。不同植物的临界日长各有不同。临界暗期（critical dark period）是指在昼夜周期中短日植物能够开花所必需的最短暗期长度，或长日植物能够开花所必需的最长暗期长度。临界暗期比临界日长对开花更为重要。短日植物实际是长夜植物（long-night plant），长日植物实际是短夜植物（short-night plant）。

在临界暗期中间给予一定强度的闪光或短时间光照，可产生与所预期的光周期效应相反的结果，这种光处理称为夜间断。

本实验以正常培养条件下生长的拟南芥为对照，观察改变光周期和进行夜间断对拟南芥开花的影响，学习光周期控制开花临界日长或临界夜长的方法。

[器材与试剂]

1. 实验仪器与用具

光照培养箱、冰箱、1.5ml 离心管、1ml 移液枪、1ml 吸头、多穴拟南芥塑料培养盘、保鲜膜或塑料盖等

2. 实验试剂

70%乙醇：无水乙醇 70ml，无菌水 30ml。

1%NaClO：取 NaClO（有效氯≥10%）10ml，无菌水 90ml。

营养土

3. 实验材料

拟南芥

[实验步骤]

1. 种子的消毒、春化处理与播种与实验 5-1 相同。

2. 幼苗培养

把种有拟南芥的培养盘分别放到不同光周期的培养箱中培养，长日照（LD）处理为光照 16h，黑暗 8h；短日照（SD）处理为光照 8h，黑暗 16h。光强 100～120μmol · m^{-2} · s^{-1}，湿度为 60%～80%，温度为 21～23℃。

3. 间苗

种有拟南芥的培养盘用透明的保鲜膜或者塑料盖覆盖，放在光照培养箱中培养，当种子萌发（子叶变绿）后揭去覆盖物，并把多余的小苗除掉，保持每个穴盘中 2 棵，分散均匀。

4. 光周期诱导与夜间断实验

每盘拟南芥为一个处理。将 7 盘材料置于长日照条件下，其中 1 个处理在 LD 条件下直至开花，其余的每隔 5d 将 1 个处理置于短日照条件下直至开花，统计 7 个处理的露白日期和每株幼苗露白时的总叶片数。

将 13 个处理放入 SD 条件下，其中 1 个在 SD 条件下直至开花，其余的每隔 5d 将 1 个样做夜间断处理：放到强光（200μmol · m^{-2} · s^{-1}）下照射 10 min，处理时间为 16h 暗期的中间。

5. 开花时间的统计

记录每株幼苗出现第一个花芽的日期，统计此时每株幼苗的总叶片数。

[实验作业]

列表显示对照组和不同处理组幼苗出现第一个花芽时总叶片的平均数目和萌发至出现花芽的平均天数，比较分析开花的时间。分析光周期诱导与夜间断实验（步骤 7）的两种处理获得的结果说明了什么问题？

[注意事项]

1. NaClO 消毒过程中，每隔 2～3min 振荡一次，充分消毒，无菌水清洗种子，用枪吹打几次，使种子清洗充分。

2. 拟南芥种子数不要太多，每个穴盘种 2 或 3 粒，并均匀分散，以便不同穴盘中的幼苗保持均匀的生长状态。

3. 土不能太湿，否则容易长菌。光照培养箱的温度要保持在 22℃左右。

［思考题］

1．拟南芥种子为什么在种植前需要在 4℃处理 3d？

2．温度对光周期诱导是否有影响？

3．如果通过步骤 5 还没有精确获得拟南芥在 LD 和 SD 下的临界日长或临界夜长，如何设计测定临界日长或临界夜长的实验？

［参考文献］

Cerdan P D，Chory J. 2003. Regulation of flowering time by light quality. Nature，423：881～885

Hayama R，Coupland G. 2003. Shedding light on the circadian clock and the photoperiodic control of flowering. Curr Opin Plant Biol，6：13～19

模块 6　果实品质分析

【模块实验目的】

果实含有蛋白质、碳水化合物、维生素 C、矿质元素等人体必需的营养成分。对果实品质的分析包括测定可溶性糖含量、蛋白质含量、可溶性固形物、有机酸、维生素 C 等，其中维生素 C 含量是评价质量的重要参数之一，可溶性糖直接影响果实品质，可溶性固形物与有机酸含量的比值影响果实风味。

本模块介绍测定可溶性总糖、维生素 C、可溶性蛋白质、可溶性固形物、有机酸含量的方法，为学习评价果实品质提供基础。

【流程图】

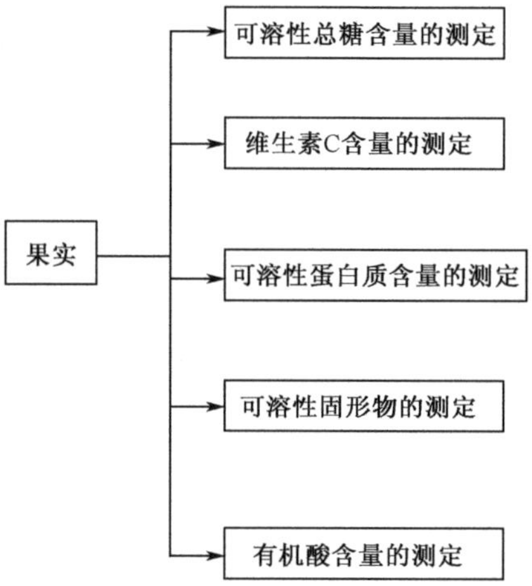

6-1　可溶性总糖含量的测定

[实验目的]

掌握蒽酮法测定可溶性总糖含量的原理和方法。

[实验原理]

糖（还原糖与非还原糖）在硫酸作用下生成糠醛，糠醛再与蒽酮作用形成蓝绿色络合物，其颜色的深浅与糖含量高低呈正相关。利用蓝绿色物质在 625nm 波长处有最大吸收值的特性进行比色测定，方法简便，但专一性不强，绝大部分碳水化合物都能与蒽酮试剂反应，产生颜色。

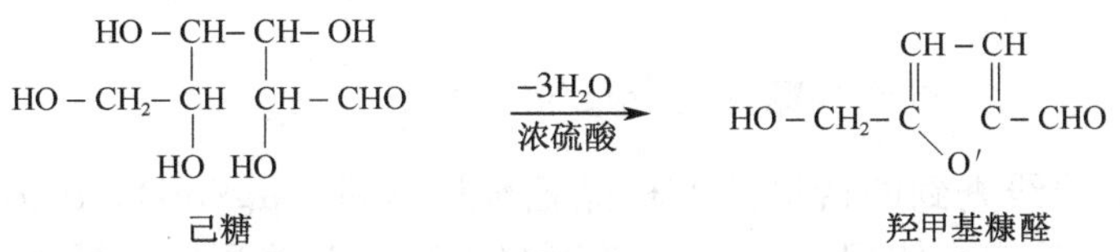

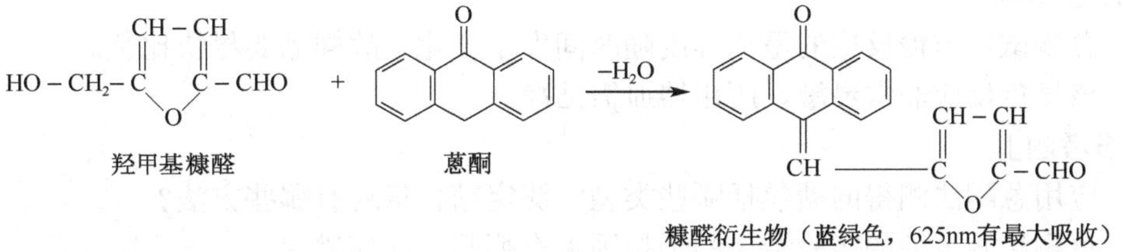

［器材与试剂］

1. 实验仪器与用具

分光光度计、恒温水浴锅、天平、离心机、电炉、烘箱、研钵、剪刀、刻度试管、玻璃棒、漏斗、移液管、容量瓶

2. 实验试剂

葡萄糖标准液（200μg/ml）：葡萄糖在80℃烘箱中烘至恒重，称取100mg，用蒸馏水定容至500ml，即得含糖量为200μg/ml的标准液。

蒽酮试剂：称取100mg蒽酮溶于100ml稀硫酸（在30ml蒸馏水中缓慢加入76ml比重为1.84的浓硫酸），贮于棕色瓶内，冰箱保存，最好使用当天配制。

乙醇（80％）

3. 实验材料

苹果、梨、香蕉、柑橘等果实

［实验步骤］

1. 可溶性糖的提取

称取新鲜果肉0.5～1.0g（或干样粉末50～100mg），剪碎研磨至匀浆，倒入三角瓶（50ml）中，加入10ml 80％乙醇，80℃水浴40min，不断搅拌，冷却，4000g离心10min，残渣中加5ml 80％乙醇，重复在80℃水浴中提取2次，合并上清液，加入10mg活性炭，80℃水浴30min，过滤，定容至25ml，取滤液待测定。

2. 制作标准曲线

用蒸馏水将标准葡萄糖稀释成一系列0～100μg/ml的不同浓度标准溶液。取7支具塞试管，分别吸取1ml标准浓度溶液，各加入5ml蒽酮试剂，混匀，沸水浴10min，冷却。用分光光度计测定625nm处的OD值，绘制标准曲线。

3. 显色和比色

吸取0.2ml样品提取液，加入0.8ml蒸馏水，混合，再加入5ml蒽酮试剂，小心混合，沸水浴10min，冷却。用分光光度计测定625nm处的OD值。从标准曲线上得到提取液中糖的含量。

［实验作业］

计算测定的不同果实可溶性糖含量。

$$可溶性糖含量(mg/g)=\frac{C\times\frac{V}{a}\times n}{W\times 10^3}$$

式中，C 为从标准曲线查到的待测果实样品葡萄糖含量（μg/ml）；a 为样品提取液体积（ml）；V 为提取液定容体积（ml）；n 为稀释倍数；W 为果肉重量（g）。

［注意事项］

1. 蒽酮试剂与糖反应的呈色程度随时间发生变化，故样品要尽快比色。

2. 该显色反应非常灵敏，所用器皿需洁净。

［思考题］

1. 应用蒽酮法测得的糖包括哪些类型？测定糖含量还有哪些方法？

2. 蒽酮法测定糖的实验结果的干扰因素有哪些？如何避免？

［参考文献］

中国科学院上海植物生理研究所，上海市植物生理学会．1998．现代植物生理学实验指南．北京：科学出版社：127

张志良，瞿伟菁．2003．植物生理学实验指导第三版．北京：高等教育出版社：127～129

6-2　维生素 C 含量的测定

Ⅰ　2，6-二氯酚靛酚滴定法

［实验目的］

学习并掌握 2，6-二氯酚靛酚滴定法定量测定维生素 C（抗坏血酸）的原理和方法。

［实验原理］

维生素 C 是具有 L 系糖构型的不饱和多羟基物，属于水溶性维生素。它分布很广，在植物体绿色部分及许多果实（如柑橘、苹果、草莓等）、蔬菜（黄瓜、番茄等）中含量丰富。

维生素 C 具有很强的还原性，能将染料 2，6-二氯酚靛酚还原成无色，而抗坏血酸本身被氧化成脱氢抗坏血酸，氧化型 2，6-二氯酚靛酚在酸性溶液中呈粉红色，在中性或碱性溶液中呈蓝色。当用此染料滴定含有抗坏血酸的碱性溶液时，滴下的染料立即使溶液显示粉红色，即为滴定终点，即表示溶液中的抗坏血酸刚刚被氧化完全。从滴定时 2，6-二氯酚靛酚标准液的消耗量，可以计算出被检物质中抗坏血酸的含量。维生素 C 含量的表示单位一般为 mg/100g。

［器材与试剂］

1. 实验仪器与用具

锥形瓶（50ml）、移液管（1ml 和 10ml）、容量瓶、微量滴定管（3ml 或 5ml），研钵

2. 实验试剂

抗坏血酸标准溶液：准确称取 50mg 抗坏血酸，溶于 1％的草酸溶液中，稀释至 500ml，为 0.1mg/ml。用棕色瓶储藏，冷藏保存，最好现用现配。

2％草酸溶液：草酸 2g，溶于 100ml 蒸馏水中。

1％草酸溶液：1g 草酸溶于 100ml 蒸馏水中。

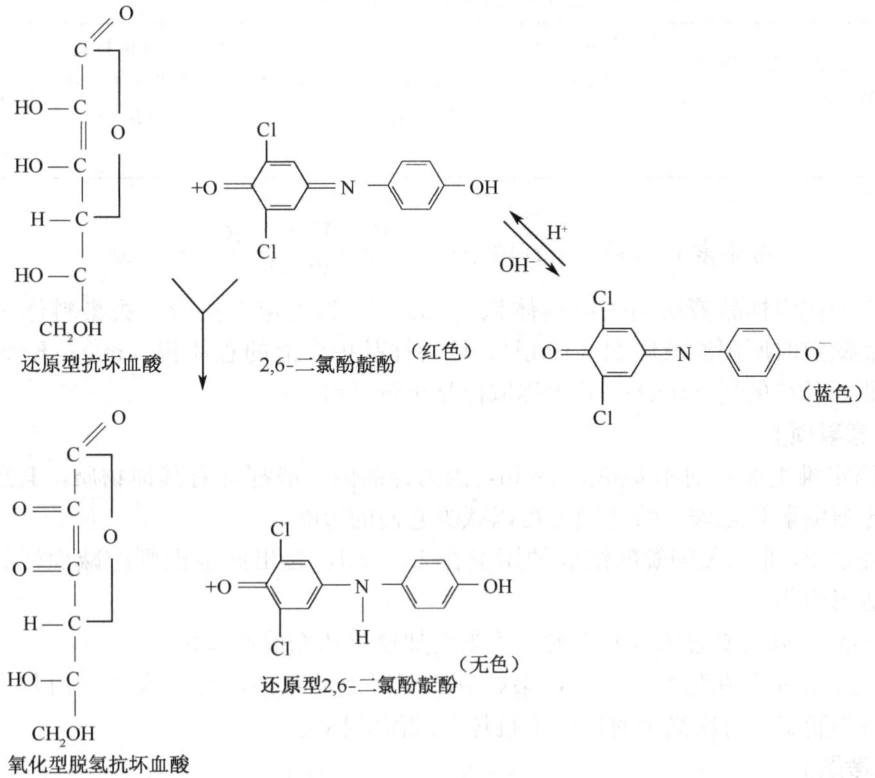

0.01% 2，6-二氯酚靛酚溶液：称取 104mg $NaHCO_3$ 溶于 300ml 热水中，加入 50mg 2，6-二氯酚靛酚溶解，冷却后，加水定容至 500ml，过滤，滤液储于棕色瓶内（4℃，可保存一周）。每次使用前，要用标准抗坏血酸溶液标定浓度。

3. 实验材料

新鲜苹果、梨、香蕉、柑橘等果实

［实验步骤］

1. 提取

洗净新鲜果实，吸干，称取 5g 剪碎放入研钵内，加 5ml 2%草酸研磨成匀浆，倒入 100ml 的容量瓶内，用 2%草酸洗数次，定容至刻度，混匀后过滤，根据滤液颜色深浅考虑是否需要脱色。

2. 滴定

标定 2，6-二氯酚靛酚溶液。取 2 个 50ml 锥形瓶，其中 1 个加入 1ml 标准抗坏血酸溶液和 9ml 1%草酸溶液，混合；另外 1 个锥形瓶只加入 10ml 1%草酸溶液（为空白），分别用已标定的 2，6-二氯酚靛酚溶液（染料）滴定至粉红色出现，15s 不褪色。记录所用的 2，6-二氯酚靛酚溶液毫升数，计算出 1ml 染料氧化维生素 C 的量（mg）用 K 表示。取 2 个 50ml 锥形瓶，各加入提取液 10ml，同样的方法用标定的 2，6-二氯酚靛酚溶液滴定，记录两次滴定所得的 2，6-二氯酚靛酚溶液毫升数，求平均值为滴定提取液所用的体积 V_1。

［实验作业］

填写表 6-1，计算测定果实的维生素 C 含量。

表 6-1　维生素 C 含量的测定

样品名称	样品质量 (W)/g	提取液总体积(V)/ml	测定时所取滤液 (V_3)/ml	滴定样液所用染料体积 (V_1)/ml	滴定空白所用染料体积 (V_2)/ml	1ml 染料氧化维生素 C 的量(K)/mg	维生素 C 含量(mg/100g)

$$\text{维生素 C 含量（mg/100g）} = \frac{(V_1 - V_2) \times K \times V}{W \times V_3} \times 100$$

式中，V_1为滴定样品液所用去染料体积（ml）；V_2为滴定空白所用去染料体积（ml）；V_3为样品测定时所用滤液体积（10ml）；V 为样品提取液的总体积（ml）；K 为 1ml 染料氧化维生素 C 的量（mg）；W 为称取样品重量（g）。

［注意事项］

1. 滴定维生素 C 时不要超过 2min，因为样品内一般都含有其他物质，其还原染料的能力比维生素 C 迟缓，快速滴定可以减少它们的影响。

2. 染料 2，6-二氯酚靛酚溶液的用量在 1～4ml，超出此范围则应减少样品量或将提取液适当稀释。

3. 样品提取液要避免日光直射，否则会加速抗坏血酸的氧化。

4. 提取物中存在色素类物质，会影响滴定终点的观察，可加入适量白陶土进行脱色过滤后再滴定。每次滴定时以标准抗坏血酸溶液标定。

［思考题］

1. 在测定过程中，样品的草酸提取液为什么不能暴露在日光下？

2. 实验过程中要测得准确的维生素 C 含量，应注意哪些步骤？为什么？

［参考文献］

许秀珍，梁山．2003. 生物化学与分子生物学实验指导．广州：暨南大学出版社：76～78

Ⅱ　分光光度计法

［实验目的］

学习利用分光光度计法测定维生素 C（抗坏血酸）含量的原理和方法。

［实验原理］

维生素 C（抗坏血酸）具有较强的还原力，可以把铁离子（Fe^{3+}）还原成亚铁离子（Fe^{2+}），亚铁离子与红菲咯啉（4，7-二苯基-1，10-菲咯啉，BP）反应形成红色螯合物。此化合物在波长 534nm 处具有强的吸收峰，且吸光度与反应液中抗坏血酸含量呈正相关。因此，可用比色法来测定抗坏血酸含量。

［器材与试剂］

1. 实验仪器与用具

离心机、分光光度计、研钵、电子天平、容量瓶（50ml 和 100ml）、漏斗、滤纸、离心管、试管

2. 实验试剂

50g/L 三氯乙酸（TCA）溶液：称取 5g 三氯乙酸（分析纯），用蒸馏水溶解，稀释至 100ml。

0.4%磷酸-乙醇溶液：量取 0.47ml 85%磷酸溶液加入到无水乙醇中，并用无水乙醇稀释至 100ml。

5g/L BP-乙醇溶液：称取 0.25g BP（纯度>97%）加入到无水乙醇中溶解，并用无水乙醇稀释至 50ml。

0.3g/L $FeCl_3$-乙醇溶液：称取 0.03g $FeCl_3$加入到 100ml 无水乙醇中，摇匀。

100μg/ml 标准抗坏血酸溶液：称取 10mg 抗坏血酸（应为洁白色，如变为黄色则不能用），用 50g/L TCA 溶液溶解，定容至 100ml，即 1ml 溶液含 100μg 抗坏血酸。现用现配，保存于棕色瓶中，低温冷藏。

3. 实验材料

苹果、梨、香蕉、柑橘等果实

[实验步骤]

1. 制作标准曲线

取 7 支试管，编号，按表 6-2 加入各种溶液，将混合液置于 30℃反应 60min，然后以 0 号试管混合液为参照，于波长 534nm 处测定吸光度值。以抗坏血酸质量为横坐标，吸光度为纵坐标绘制标准曲线，求得线性回归方程。

表 6-2　制作抗坏血酸标准曲线试剂含量

项目	试管号						
	0	1	2	3	4	5	6
抗坏血酸标准液/ml	0	0.1	0.2	0.3	0.4	0.5	0.6
50g/L TCA/ml	2.0	1.9	1.8	1.7	1.6	1.5	1.4
无水乙醇/ml	1.0	1.0	1.0	1.0	1.0	1.0	1.0
混合、摇匀							
0.4%磷酸-乙醇溶液/ml	0.5	0.5	0.5	0.5	0.5	0.5	0.5
5g/L BP-乙醇溶液/ml	1.0	1.0	1.0	1.0	1.0	1.0	1.0
0.3g/L $FeCl_3$-乙醇/ml	0.5	0.5	0.5	0.5	0.5	0.5	0.5
相当于抗坏血酸量/μg	0	10	20	30	40	50	60

2. 提取

按实验Ⅰ的方法取材，剪碎后混匀，分别称取 5g 样品置于研钵中，加入 20ml 50g/L TCA 溶液，在冰浴条件下研磨成浆状，转入到 100ml 容量瓶中，并用 50g/L TCA 溶液定容至刻度，混合、提取 10min 后，过滤收集滤液备用。

3. 测定

取 1ml 样品提取液于试管中，加入 1ml 50g/L TCA 溶液，再按制作标准曲线相同的方法，加入其他成分，进行反应、测定。记录反应体系在波长 534nm 处吸光度。重复 3 次。

[实验作业]

计算不同果实维生素 C 含量。

根据吸光度值，在标准曲线上查出相应的混合液中抗坏血酸质量，按下式计算植物组织中抗坏血酸含量。植物组织中抗坏血酸含量以 100g 样品（鲜重）中含有的抗坏血酸的质量表示，即 mg/100g。

$$抗坏血酸含量=\frac{V\times m}{V_S\times M\times 1000}\times 100\ (mg/100g)$$

式中，m 为由标准曲线求得的抗坏血酸的质量（μg）；V_S为滴定时所用样品提取液体积（ml）；V 为样品提取液总体积（ml）；M 为样品质量（g）。

［实验扩展］

利用此法还可以测定植物组织中脱氢抗坏血酸和总抗坏血酸的含量。

测定原理：利用二硫苏糖醇（DTT）将脱氢抗坏血酸还原成还原型的抗坏血酸，这样可以通过测定抗坏血酸的含量对脱氢抗坏血酸进行定量分析。

测定方法：取 1ml 样品提取液，加入 0.5ml 60mmol/L DTT-乙酸溶液，再用 Na_2HPO_4-NaOH 溶液调 pH 至 7～8，置于室温下 10min，使脱氢抗坏血酸还原。然后加入 0.5ml 0.2g/ml 三氯乙酸溶液，调节 pH 至 1～2。按测定抗坏血酸相同的方法进行测定，计算出总抗坏血酸含量，从中减去样品中原有的还原型抗坏血酸含量，即得脱氢抗坏血酸含量。

［思考题］

1. 本方法与滴定法测定维生素 C 含量的方法比较，有哪些特点？

2. 用分光光度法进行某样品浓度测定时，常需用标样制作一定浓度范围的标准曲线。假定现测得某样品溶液浓度超出标准曲线浓度范围的最大值，如何使样品溶液处于标准曲线浓度范围内？

6-3　可溶性蛋白质含量的测定

Ⅰ　考马斯亮蓝染料结合法

［实验目的］

掌握考马斯亮蓝染料结合法测定蛋白质含量的基本原理和方法。

［实验原理］

蛋白质的存在影响酸碱滴定中所用某些指示剂的颜色变化，从而改变这些染料的光吸收。在此基础上发展了蛋白质染色测定方法，涉及的指示剂有甲基橙、考马斯亮蓝、溴甲酚绿和溴甲酚紫。考马斯亮蓝是目前广泛使用的染料之一。

考马斯亮蓝 G-250（Coomassie brilliant blue G-250）是测定蛋白质含量的一种染料。该染料依其存在形式的不同表现为红色和蓝色，游离状态下呈红色，在稀酸溶液中与蛋白质结合后可变为蓝色，2～5min 后在 595nm 处具有最大光吸收，可以稳定 1h 以上。蓝色的深浅与溶液中的蛋白质含量（1～1000μg）呈正比，所以，利用这一特性进行蛋白质的定量测定。该方法简便迅速、消耗样品量少、重复性好，但是不同种类的蛋白质之间差异大，当蛋白质含量偏高时，标准曲线线性较差。

［器材与试剂］

1. 实验仪器与用具

电子天平、分光光度计、离心机、研钵、刻度试管及试管架、移液管（1ml 和 5ml）、容量瓶（10ml）

2. 实验试剂

考马斯亮蓝 G-250 染色液：称取考马斯亮蓝 100mg，用 50ml 95%乙醇溶解，加 100ml85%磷酸，加水稀释至 1L，储于棕色瓶中。

标准蛋白溶液（0.1mg/ml）：称取 10mg 牛血清蛋白，用 0.9%的氯化钠溶解，定容至 100ml。

3. 实验材料

苹果、梨、香蕉、柑橘等果实

［实验步骤］

1. 取 7 支试管，按表 6-3 加入试剂。混合摇匀，放置 5～20min。用分光光度计测定 OD_{595} 值。以 OD_{595} 为纵坐标，标准蛋白质浓度为横坐标，绘制标准曲线。

表 6-3　考马斯亮蓝法标准曲线的各种试剂加入量

	0	1	2	3	4	5	6
标准牛血清蛋白(溶液 ml)	0	0.1	0.2	0.4	0.6	0.8	1.0
蒸馏水(ml)	1	0.9	0.8	0.6	0.4	0.2	0
考马斯亮蓝试剂(ml)	5	5	5	5	5	5	5

2. 称取果肉样品 2g 放入研钵中，加 2ml 蒸馏水研磨成匀浆，移到离心管中，用 6ml 蒸馏水分次洗涤研钵，转移至离心管中，4000r/min 离心 15min，上清液转入容量瓶，蒸馏水定容至 10ml，摇匀后待测。

3. 吸取样品提取液 1ml，放入带塞的试管中，加入 5ml 考马斯亮蓝 G-250 溶液，充分混合，放置 5～20min 后，在 595nm 处，测定吸光度，并通过标准曲线查得蛋白质含量。

［实验作业］

计算测定的水果蛋白质含量。

$$\text{蛋白质含量（mg/g）}=\frac{C\times V_T}{1000V_1\times W}$$

式中，C 为查标准曲线值（μg）；V_T 为提取液体积（ml）；V_1 为测定时加样量（ml）；W 为样品鲜重（g）。

［注意事项］

试剂背景值因与蛋白质结合的染料增加而不断降低，因此，当蛋白质浓度较大时，标准曲线稍有弯曲，但直线弯曲程度很轻，不会影响测量。

［思考题］

分析用考马斯亮蓝染料结合法测定可溶性蛋白质含量的优缺点。

［参考文献］

李林，焦心之．1980. 应用蛋白染色剂考马斯蓝 G-250 测定蛋白质的方法．植物生理学通讯，(6)：52～55

张志良，瞿伟菁．2003. 植物生理学实验指导．第三版．北京：高等教育出版社：159～160

Ⅱ　Folin-酚试剂法

［实验目的］

学习用 Folin-酚试剂法测定蛋白质含量的原理和方法。

［实验原理］

蛋白质与碱性铜盐发生双缩脲反应产生蓝色铜-蛋白质复合物，同时也由于蛋白质中存在的酪氨酸和色氨酸与磷钼酸-磷钨酸试剂反应也能产生深蓝色的钼蓝和钨蓝的混合物，呈色强度与蛋白质含量成正比，可用比色法测定。Folin-酚试剂法是测定蛋白质浓度的常用方法之一，方法简便，灵敏度高。

［器材与试剂］

1. 实验仪器与用具

可见光分光光度计（723-G 型）、恒温水浴锅、天平、移液管、容量瓶、量筒、烧杯、研钵

2. 实验试剂

100μg/ml 标准牛血清白蛋白：称取 10mg 牛血清白蛋白用蒸馏水配成 100ml。

Folin-酚试剂甲：将 1g Na_2CO_3 溶于 50ml 0.1mol/L 的 NaOH 溶液；另将 0.5g $CuSO_4 \cdot 5H_2O$ 溶于 100ml 的 1%酒石酸钾（酒石酸钠）溶液。临用前，将前者和后者按 50∶1 的比例进行混合即可。该试剂有效期只有一天，过期失效！

Folin-酚试剂乙：在 2L 的磨口回流瓶内加入钨酸钠（$Na_2WO_4 \cdot 2H_2O$）100g、钼酸钠（$Na_2MoO_4 \cdot 2H_2O$）25g、蒸馏水 700ml、85%磷酸 50ml 及浓盐酸 100ml，充分混匀后，接上磨口冷凝管，以小火回流 10h。回流完毕，再加入 150g 硫酸锂、50ml 蒸馏水及数滴液体溴，开口继续沸腾 15min，以便除去过量的溴（在通风橱内进行）。冷却后，用蒸馏水定容至 1000ml，过滤，滤液呈微绿色，置于棕色试剂瓶中保存。使用时用试剂滴定标准氢氧化钠溶液（1mol/L），以标定试剂的酸度，以酚酞为指示剂，当溶液的颜色由红色变为紫红色、紫灰，再突然转变为墨绿时，即为终点。最后用蒸馏水将试剂稀释成 1mol/L 酸度，即为试剂乙溶液。

以上两试剂均储于棕色瓶内，4℃冰箱中可长期保存。

3. 实验材料

苹果、梨、香蕉、柑橘等果实

［实验步骤］

1. 标准曲线的制作

取不同浓度（0～100μg/ml）的标准牛血清白蛋白溶液各 0.6ml 于试管中，分别加入 3ml Folin-酚试剂甲，摇匀，25℃保温 10min，再加入 0.3ml Folin-酚试剂乙，混匀。25℃水浴保温 30min，于 500nm 处比色（若蛋白质浓度为 5～25μg/ml，则波长用 750nm；浓度在 25μg/ml 以上，波长用 500nm 为宜），以蒸馏水加 Folin-酚试剂作为比色空白对照。根据结果绘制出光密度-蛋白质浓度的标准曲线。

2. 样品的提取

蛋白质提取见实验 6-3 第Ⅰ部分。

3. 样品的测定

吸取样品液 0.6ml 于试管内，加入 3ml Folin-酚试剂甲，摇匀，25℃水浴中保温 10min，再加入 0.3ml Folin-酚试剂乙，混匀，25℃水浴保温 30min 后，于 500nm 波长处比色。最后对照标准曲线求出样品液的蛋白质浓度或根据直线方程式计算蛋白质的浓度。

［实验作业］

计算测定水果的可溶性蛋白质含量。

［注意事项］

Folin-酚试剂法所用的试剂甲相当于双缩脲试剂，可与蛋白质中的肽键起显色反应；试剂乙在碱性条件下极不稳定，容易被铜-蛋白质复合物还原成钼蓝和钨蓝。因此，在测定时加 Folin-酚试剂要特别小心，因为 Folin-酚试剂乙仅在酸性条件下稳定，但是还原反应是在 pH10 的条件下发生。故当 Folin-酚试剂乙加到碱性的铜-蛋白质溶液中时，立即混匀，以便在磷钼酸-磷钨酸试剂被破坏之前，能有效地被 Cu^{2+}-蛋白质结合物所还原。

［思考题］

有哪些因素干扰 Folin-酚试剂法测定蛋白质的含量？

［参考文献］

潘家秀．1962．蛋白质化学研究技术．北京：科学教育出版社：28～29

张志良，瞿伟菁．2003．植物生理学实验指导．第三版．北京：高等教育出版社：158～159

6-4　可溶性固形物的测定

［实验目的］

1. 学习用折光仪法测定果实可溶性固形物（植物组织汁液）。

2. 掌握手持折光仪的使用。

［实验原理］

固形物含量简称为糖度或总糖，一般浓缩果汁中产生的折光性物质是一些溶于水的可溶性固体，所以称为可溶性固形物。通常以浓度百分比（Brix/%）表示浓度（即 100g 样品中可溶性固体的溶解量）。

［器材和试剂］

1. 实验仪器

手持折光仪（也称测糖仪）(型号 47427，泉州光学仪器厂产品)

2. 实验材料

苹果、梨、柑橘、青瓜等瓜果

［实验步骤］

1. 待测液的制备

用打孔器在大型多汁的果实（如柑橘、青瓜等）待测部位打出圆柱状组织，切下适当大小的块，置于榨汁钳上榨汁；小型多汁材料（如草莓、荔枝、龙眼等）直接榨汁即可。

2. 水平拿起手持折光仪并使测试窗对准光源，旋转聚焦柄使刻度清晰。向测试窗中滴 1 或 2 滴蒸馏水，调整刻度，调整螺丝，使明亮区域和黑暗区域的分界线与刻度的零线重合。

3. 向测试窗中滴入 1 或 2 滴待测样品，关闭窗口。将测试窗对向光源，观察亮暗分界线所对准的刻度即为测量值。取相同部位的果实，重复测定 3～5 次，记录结果。

4. 查温度校正值表，在测量值中加上或减去校正值，即为该待测样品的含糖量（通常规定 20℃时测定）。

［实验作业］

计算果实的可溶性固形物含量。

［注意事项］

1. 果实不同部位所含可溶性固形物不同，所以对于大型果实，需要取样部位固定，也可将整个果实榨汁混匀测定。

2. 溶液折射率受温度影响很大。若待测材料需要精确测定、比较时，应利用恒温循环水控制折射仪棱镜的温度，最好将温度调整到 20℃。

3. 折光仪使用时需用柔软的布或擦镜纸将测试窗表面擦拭干净，不要划伤镜面。测量结束后用擦镜纸擦拭测试窗。

［思考题］

测定植物组织中汁液浓度有何意义？

［参考文献］

陈治国，彭永宏 . 2001. 常温泡沫箱加冰运输 . 果树学报，(3)：155～159

李宝江，林桂荣，崔宽 . 1994. 苹果糖酸含量与果实品质的关系 . 沈阳农业大学学报，25(3)：279～283

6-5　有机酸含量的测定

［实验目的］

学习并掌握用指示剂滴定法测定有机酸含量的原理和方法。

［实验原理］

不同植物中有机酸的种类和数量有差异，有机酸在植物体内存在的状况随不同部位而不同。有机酸在新陈代谢中占有重要地位，在呼吸作用中，它是碳水化合物代谢的中间产物，又是三大物质代谢的重要连接者。植物组织中的有机酸易溶于水、醇和醚，可用这些溶剂先将有机酸提出，然后用氢氧化钠标准溶液滴定，以酚酞为指示剂，通过消耗的氢氧化钠标准溶液的体积计算植物组织内有机酸的含量。

［器材和试剂］

1. 实验仪器与用具

电子天平、电热恒温水浴锅、研钵、量筒、移液管、烧杯、容量瓶、漏斗、锥形瓶、碱式滴定管等玻璃仪器和滤纸

2. 实验试剂

0.1mol/L 氢氧化钠标准溶液、酚酞指示剂

3. 实验试材

苹果、梨、香蕉、柑橘等果实

［实验步骤］

1. 样品提取

称取 5g 果实，放入研钵中，加少许石英砂研磨成匀浆，用蒸馏水洗入 50ml 三角瓶中，加水约 30ml，放入 80℃水浴中浸提 30min，期间不断搅拌。取出冷却，过滤入

50ml 容量瓶中，并用蒸馏水洗残渣数次，定容至刻度，摇匀。

2. 测定

根据预测酸度，用移液管吸取 10～15ml 样液到 50ml 三角瓶中，加入酚酞指示剂 3～5 滴，用 0.1mol/L 氢氧化钠标准溶液滴定至出现微红色，摇 30～60s 不褪色为滴定终点，记下所消耗的体积。取 3 次平均值。

[实验作业]

计算果实有机酸含量。

$$有机酸含量(\%)=\frac{c\times V_1\times \mathrm{k}\times 50}{V_0\times m}\times 100$$

式中，c 为氢氧化钠标准溶液摩尔浓度；V_1 为滴定时所消耗的氢氧化钠标准溶液体积（ml）；k 为换算为某种酸克数的系数，见表 6-4；50 为试样浸提后定容体积（ml）；V_0 为吸取滴定用的样液体积（ml）；m 为试样质量（g）。

表 6-4　几种有机酸的换算系数（k）

有机酸名称	换算系数(k)	果蔬与制品
苹果酸	0.067	仁果类、核果类水果
结晶柠檬酸(1 个结晶水)	0.070	柑橘类、浆果类水果
酒石酸	0.075	葡萄
草酸	0.045	菠菜
乳酸	0.090	盐渍、发酵制品
乙酸	0.060	醋渍制品

[思考题]

1. 本实验所用的蒸馏水不能含 CO_2，应如何操作？
2. 测定有机酸含量要注意哪些问题？
3. 用不同提取剂和方法提取有机酸含量，如何设计实验？

[参考文献]

董园园，董彩霞，卢颖林等．2005. 植物组织中有机酸的提取方法比较．南京农业大学学报，28（4）：140～143

冯美，张宁．2005. 枸杞果实生长发育过程中有机酸变化研究．农业科学研究，26（4）：19～24

模块 7 植物的组织培养

【模块实验目的】

植物组织培养是把植物的器官、组织乃至单个细胞，应用无菌操作技术使其在人工条件下继续生长，甚至分化发育成一个完整植株的过程。植物的组织在培养条件下，原来已经停止分化的细胞，在植物激素（如生长素吲哚乙酸、萘乙酸、2，4-D）、细胞分裂素 6-苄基腺嘌呤（6-BA）和玉米素等的作用下，又能重新分裂，形成没有组织结构的细胞团，称为愈伤组织，这一过程称为“脱分化作用”。已经脱分化的愈伤组织，在一定条件下又能重新分化形成根、芽等组织和器官，这个过程称为“再分化作用”。植物生长物质在此过程中起着重要作用。对某些植物而言，单独使用 6-BA，有利于促进芽的发生；吲哚乙酸和 6-BA 的比例，决定了根和芽的分化。

植物组织培养作为一种研究技术，广泛应用于植物的无性繁殖，也是建立外源基因对植物细胞遗传转化的基本方法。本模块实验将介绍培养基的配制与灭菌，愈伤组织的诱导，不定芽和不定根的形成等基本方法。

【流程图】

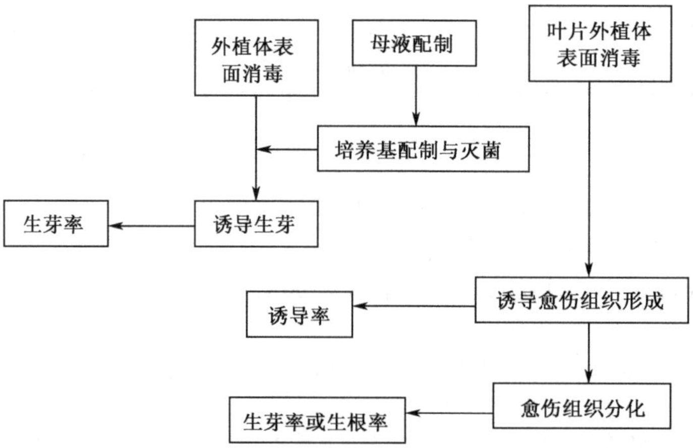

7-1 培养基的配制与灭菌

［实验目的］

1. 学习配制 MS 培养基的大量元素母液、铁盐母液和植物生长物质（2，4-D 和 6-BA）母液方法。

2. 学习培养基灭菌的方法。

［实验原理］

通过培养基提供生长所需的营养成分，可对植物外植体进行离体培养。不同植物材料对培养基的要求不同，因此选用适宜的培养基，对植物组织培养取得成功是至关重要的。通过调节培养基的成分，使植物组织培养物发生脱分化或再分化，达到无性繁殖的目的。

培养基的主要成分包括无机营养物、碳源、维生素、植物生长物质和有机附加物等。

无机营养物包括大量元素和微量元素。大量元素指碳、氢、氧、氮、磷、钾、硫、钙、氯和镁，它们是植物细胞中构成核酸、蛋白质、酶、叶绿素等不可缺少的元素。微量元素是指铁、硼、锰、锌、钴、钼、铜等，其需要量很少。培养基中常添加蔗糖作为生长发育的能源和碳源，在工厂化生产中可以用白糖替代蔗糖。植物组织培养中常使用B族维生素，如盐酸硫胺素（维生素 B_1）和盐酸吡哆素（维生素 B_6），它们与各种酶的形成有关。培养基中重要的有机氮源是一些氨基酸，如甘氨酸、丝氨酸、谷氨酰胺等，它们影响着培养物的生长发育。植物生长物质是培养基中的关键物质，对外植体愈伤组织的诱导和分化起着重要的调节作用。

配制培养基时，通常按配方浓度增大若干倍称量，配制成一系列的母液置于冰箱保存，使用时按比例稀释。常规配制的母液培养基有大量元素母液、微量元素母液、铁盐母液、激素母液、有机化合物母液。

培养所用的培养基含有植物细胞生长所必需的各类营养物质，也是各种细菌、真菌滋生繁殖的极好场所。因此，组织培养必须采用无菌技术，在取材、接种、培养的整个过程中，必须严格对培养基和培养材料灭菌，同时严格进行无菌操作，防止污染。本实验介绍用湿热灭菌法（高压灭菌锅）对培养基和接种工具进行灭菌。

[器材与试剂]

1. 实验仪器与用具

电子天平、冰箱、pH 试纸、烧杯、量筒、试剂瓶、三角瓶、洗耳球、刻度吸管、洗瓶、手提式高压蒸汽灭菌锅

2. 实验试剂

NH_4NO_3、KNO_3、KH_2PO_4、$MgSO_4 \cdot 7H_2O$、$CaCl_2 \cdot 2H_2O$、2，4-D、6-BA、1mol/L HCl、1mol/L NaOH

3. 实验材料

烟草叶片、胡萝卜块茎、菊花茎段、月季花药等

[实验步骤]

1. 大量元素母液配制

（1）按 MS 培养基配方（附录，图 7-1，表 7-1）所列的所需各种大量元素（NH_4NO_3、KNO_3、KH_2PO_4、$MgSO_4 \cdot 7H_2O$ 和 $CaCl_2 \cdot 2H_2O$），计算 1L 培养基扩大 20 倍的用量，分别在电子天平上称量。

（2）一种元素盛入一小烧杯中，加入约 10ml 蒸馏水，放置在磁力搅拌器上充分溶解后转至另一烧杯中。按同样步骤分别溶解各种元素后，用 100ml 烧杯混合盛装，定容。

（3）转入试剂瓶中，贴上标签（注明配制时间、扩大倍数、配制人员姓名），10℃保存。

2. 铁盐母液配制

按 MS 培养基配方（附录 4）所列的 $FeSO_4 \cdot 7H_2O$ 和 Na_2-EDTA · $2H_2O$ 含量扩

大 100 倍进行称量，加蒸馏水完全溶解，定容至 300ml，贴上标签，10℃保存。

3. 植物生长物质配制

（1）准确称量生长素类物质 2,4-D 50mg，用 1～3ml 90％乙醇完全溶解，加蒸馏水 100ml 定容；也可加入少量碱（如氢氧化钾、氢氧化钠）使之中和成为钠盐或钾盐，在水中溶解，加水定容 100ml，即成 500 mg/L 2,4-D 溶液。

（2）准确称量 30mg 6-BA，加入少量碱溶液（如氢氧化钾、氢氧化钠）或稀盐酸（0.5mol/L）溶液，完全溶解后，加蒸馏水定容到 100ml，即成 300mg/L 6-BA 溶液。

生长物质溶液完成配制后，要贴上标签，注明名称、浓度和配制日期，放冰箱保存。

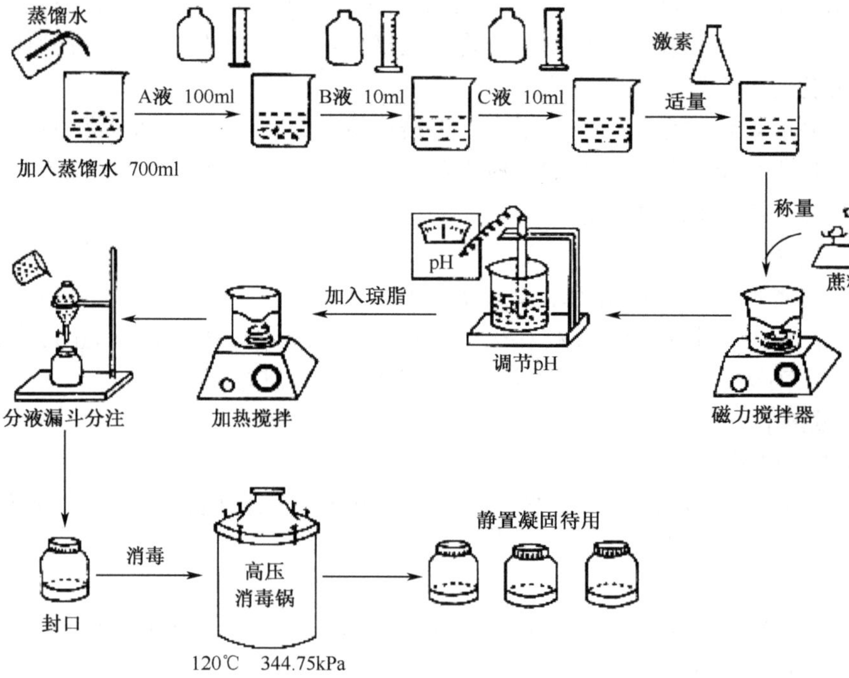

图 7-1 MS 培养基的制备流程

4. 培养基配制

（1）洗净容器，80℃烘干或自然晾干。

（2）按照下面公式，计算需配制培养基的量，然后根据各种母液扩大的倍数，计算从母液中吸取的毫升量（表 7-2）。

吸取量(ml)＝[需要配制培养基的体积(ml)×需配制浓度(mg/L)]/母液浓度(mg/L)

例如，配 300ml 含有 1mg/L 2,4-D 和 0.5mg/L 6-BA 的 MS 培养基（用 MS＋2,4-D1mg/L＋6-BA 0.5mg/L 表示），计算从各种已配制的母液中吸取的毫升量，见表 7-1。

（3）分别从各种母液吸取用量，放入一个 100ml 烧杯内。

（4）称取实际所需的蔗糖 9g，置于烧杯中，加适量蒸馏水完全溶解。

表 7-1　MS 培养基母液配制

母液种类	成分	规定用量/(mg/L)	扩大倍数	用量/mg	母液定容/ml	配 1L 培养基吸取量/ml
大量元素	KNO_3	1900	20	38 000	1000	50
	NH_4NO_3	1650		33 000		
	$MgSO_4 \cdot 7H_2O$	370		7400		
	KH_2PO_4	170		3400		
	$CaCl_2 \cdot 2H_2O$	440		8800		
微量元素	$MnSO_4 \cdot 4H_2O$	22.3	1000	22 300	1 000	1
	$ZnSO_4 \cdot 7H_2O$	8.6		8600		
	H_3BO_3	6.2		6200		
	KI	0.83		830		
	$Na_2MoO_4 \cdot 2H_2O$	0.25		250		
		0.025		25		
	$CuSO_4 \cdot 5H_2O$	0.025		25		
	$CoCl_2 \cdot 6H_2O$					
铁盐	Na_2-EDTA	37.3	100	3730	1000	10
	$FeSO_4 \cdot 7H_2O$	27.8		2780		
维生素	甘氨酸	2.0	50	100	500	10
	VB_1	0.1		5		
	VB_6	0.5		25		
	肌醇	100		5000		

表 7-2　从 MS 培养基母液配制培养基

母液名称	母液浓度/(mg/L)	扩大倍数	300 ml 培养基吸量/ml
大量元素		20	25
微量元素		1000	0.5
有机元素		50	5
铁元素		100	5
2,4-D	500		0.6
6-BA	300		0.5

（5）称取琼脂 2.4g，置于另一个 1000ml 烧杯中，加蒸馏水 100ml 溶解。

（6）将熔化的 100ml 的琼脂液和各种培养基母液成分、蔗糖溶液混合，调 pH 至 5.8，定容至 300ml。以 20～25ml 为单位分装至 50ml 三角瓶中。用记号笔标记培养基的成分。

5. 培养基灭菌

（1）将手提式高压蒸汽灭菌锅的内层锅取出，向外层锅内加水，使水面与三角搁架相平为宜。加水量不可过少，以防灭菌锅烧干而引起炸裂事故。

(2) 放回内层锅，并装入培养基和接种工具。三角烧瓶与试管口端均不要与桶壁接触，以免冷凝水淋湿包口的纸而透入棉塞。

(3) 加盖，并将盖上的排气软管插入内层锅的排气槽内（图 7-2）。再以两两对称的方式同时旋紧相对的两个螺栓，使螺栓松紧一致，使勿漏气。

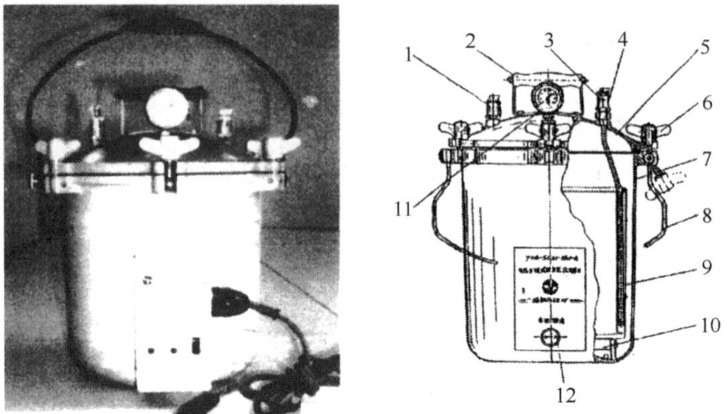

A　　　　B

图 7-2　手提式高压蒸汽灭菌锅

1. 安全阀；2. 提手木柄；3. 放气阀；4. 放气软管；5. 盖；6. 紧固螺栓；7. 主体；8. 拎环；9. 消毒筒；10. 底架；11. 压力表；12. 电热管

(4) 插上电源，同时打开排气阀，使水沸腾以排除锅内的空气。待冷气完全排尽后，关上排气阀，让锅内的温度随蒸汽压力增加而逐渐上升。当锅内压力升到所需压力（0.1MPa，121.5℃）时，控制热源，维持压力至所需时间 20min。

(5) 灭菌时间到后，切断电源，让灭菌锅内温度自然下降，当压力表的压力降至“0”时，打开排气阀，旋松螺栓，打开盖子，取出灭菌物品。

(6) 将取出的灭菌培养基在室温下放置 24h，经检查没有杂菌生长，即可待用。

[实验作业]

用表格表示经高压消毒灭菌的配制培养基、接种工具数目，以及灭菌 2d 后污染情况。

[注意事项]

1. 注意内层锅装入培养基和接种工具时不要装得太挤，以免妨碍蒸汽流通而影响灭菌效果。

2. 锅内冷空气必须完全排尽后，才能关上排气阀，维持所需压力。

[思考题]

1. 为什么要配制母液？如何确定各种母液扩大的倍数？母液为什么要置于冰箱保存？

2. 有时在培养基中加入活性炭、果汁、蔬菜汁，它们分别起什么作用？

3. 植物生长物质为什么要单独配制母液？

4. 在使用高压蒸汽灭菌时，怎样杜绝一切不安全的因素？配制好的培养基和消毒后的培养基能放置多久？为什么？

7-2　愈伤组织的诱导

［实验目的］

1. 掌握植物外植体表面消毒的常规方法。

2. 学习诱导植物器官形成愈伤组织的方法。

［实验原理］

已有特定结构与功能的植物组织，在一定条件下，其细胞被诱导改变原来的发育途径，逐步推动它原有的分化状态，转变为具有分生能力的胚性细胞，这个过程称为脱分化。来自于植物各种器官的外植体在离体培养条件下，细胞经脱分化，使它们原有的特性发生了改变，形成一种能迅速增殖的无特定结构和功能的细胞团。一般情况下，植物各器官和组织均有诱导产生愈伤组织的潜在可能性。

植物生长调节剂是诱导愈伤组织形成的极为重要的因素。其中生长素是用于诱导愈伤组织形成的主要生长物质，如 2,4-D、IAA 和 NAA，所需浓度为 0.01～10mg/L；常用的细胞分裂素是激动素、玉米素和 6-BA，使用的浓度为 0.1～10mg/L。

对有些植物材料而言，生长素和细胞分裂素对保持愈伤组织的快速生长是必要的，特别是两者结合使用时，能更强烈地刺激愈伤组织的形成。

来自于不同植物、同一植物的不同器官或组织的外植体，产生的愈伤组织在质地和物理性状方面是有差别的。

［器材与试剂］

1. 实验仪器与用具

超净工作台、无菌纸、酒精灯、标签纸、记号笔、镊子、剪刀、解剖刀、无菌培养容器、100ml 三角烧瓶、烧杯、量筒

2. 实验试剂

0.1% $HgCl_2$、75%乙醇、无菌水、MS 培养基母液

3. 实验材料

胡萝卜块根、烟草叶片

［实验步骤］

1. 按照实验 7-1 介绍的方法，准备诱导愈伤组织培养基，胡萝卜块根培养基为 MS+2,4-D 1mg/L+蔗糖 3g/L+琼脂 0.8g/L，pH5.8；烟草叶片培养基为 MS+2,4-D 0.5mg/L+蔗糖3g/L+琼脂 0.8g/L，pH5.8。

2. 接种前，用 75%酒精棉球或 2%新洁尔灭溶液擦拭超净工作台台面，将培养基及用具放入工作台，开超净工作台紫外灯照射至少 20min，关闭紫外灯，打开送风开关，通风 10min 后，开日光灯可以进行无菌操作。剪刀和镊子插入 90%乙醇溶液中。

3. 取胡萝卜块根在自来水下冲洗干净，去除外围组织后，切成小块放入 100ml 烧杯中，用 75%乙醇溶液浸泡 30s，加入 0.1% $HgCl_2$ 溶液分别浸泡 2min、5min、10min，之后用无菌水洗涤 3 次，无菌纸吸干，放入培养皿内。将镊子、剪刀在酒精灯火焰上炽烧片刻，冷却后，切取髓部组织 0.5cm。

取烟草叶片用75%乙醇溶液浸泡30s，加入0.1% $HgCl_2$ 溶液浸泡3～5min，用无菌水洗涤，切成小块。

4. 将培养容器斜面向上，并位于水平位置，也可将培养容器放在左手中。将塞盖用右手拧转松动，以便接种时拔出。将镊子轻轻接触外植体，打开培养容器盖，将外植体放在培养基上，每瓶放3块。封口，贴标签，注明姓名、时间和材料名称。

5. 将已接入植物组织（外植体）的三角烧瓶，培养在27℃（弱光条件）的温室中，每周检查1或2次。2周左右将产生愈伤组织。

[实验作业]

外植体接种1周和10d后，统计愈伤组织诱导率，观察愈伤组织的颜色和质地。

诱导率（%）＝（形成愈伤组织的外植体数/总外植体数）×100

[思考题]

1. 从不同植物材料产生的愈伤组织的形态特征有什么差异？

2. 分析影响愈伤组织诱导和分化的主要原因。

7-3　不定芽和不定根的形成

[实验目的]

学习诱导愈伤组织再分化和用器官组织直接形成试管苗的方法。

[实验原理]

愈伤组织在离体培养过程中，组织和细胞的潜在发育能力可以在某种程度上得到表达，伴随着反复的细胞分裂，又开始发生再分化。脱分化的细胞团或组织经重新分化而产生出新的具有特定结构和功能的组织或器官，这种现象称为再分化。在一定的培养条件下，愈伤组织通过分化可以形成苗或根的分生组织甚至是胚状体，继而发育成完整的小植株。

有的情况下，植物的离体器官或组织通过植物生长物质种类或不同浓度组合的调节作用，可以直接产生芽和根，形成试管苗（图7-3）。一般情况下，细胞分裂素或生长素/细胞分裂素比值小，有利于分化芽；生长素或生长素/细胞分裂素比值大促进不定根的发生。生长素与细胞分裂素比值适宜可同时分化根和芽。

[器材与试剂]

1. 实验仪器与用具

超净工作台、无菌纸、酒精灯、标签纸、记号笔、镊子、剪刀、解剖刀、无菌培养容器、100ml三角烧瓶、烧杯、量筒

2. 实验试剂

NAA、6-BA、琼脂、蔗糖、2,4-D、IBA等

3. 实验材料

烟草叶片、胡萝卜块根胚性愈伤组织

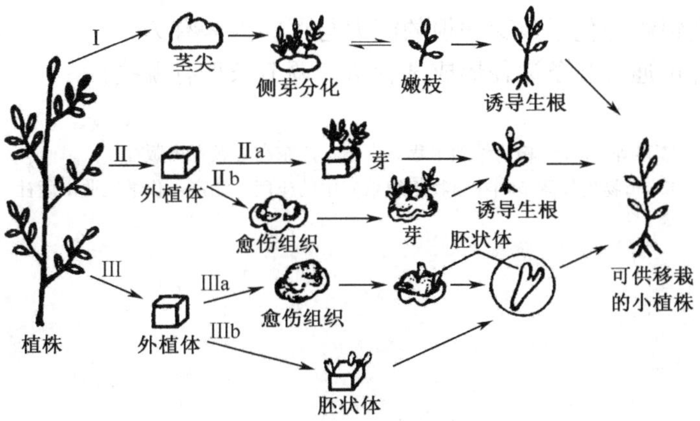

图 7-3　植物离体组织或器官分化成植株的途径

［实验步骤］

1. 配制培养基

按照实验 7-1 的方法，配制培养烟草叶片的培养基：MS＋6-BA 1.0mg/L＋NAA 0.5mg/L、MS＋6-BA 2.0mg/L＋NAA 0.2mg/L、1/2MS＋6-BA 2.0mg/L＋NAA 0.5mg/L＋0.2%活性炭、MS＋6-BA 2.0mg/L＋NAA 0.5mg/L、MS＋6-BA 2.0mg/L＋2,4-D 0.5mg/L、1/2MS＋6-BA 2.0mg/L＋NAA 0.2mg/L。

诱导胡萝卜块根胚性愈伤组织分化芽培养基为：MS＋NAA 0.1 mg/L＋6-BA 1mg/L＋蔗糖 3g/L＋琼脂 0.8g/L，pH5.8；生根培养基为 MS＋IBA 1mg/L＋蔗糖 3g/L＋琼脂 0.8g/L，pH5.8。

2. 愈伤组织接入培养基

选取生长良好的胡萝卜块根胚性愈伤组织，用解剖刀将愈伤组织切下，转移到诱导芽分化的培养基或生根培养基，每瓶放 2 块，仍培养在 27℃温室中，每周检查 1 或 2 次，观察愈伤组织分化情况，直至长出芽和根。

3. 烟草叶片接入分化培养基

将烟草叶片表面消毒后，切成小块，接入各种分化培养基内，在光下培养数天。

［实验作业］

1. 记录胡萝卜肉质根胚性愈伤组织在接入分化培养基培养 2 周后不定芽发生情况，计算分化率。

2. 记录烟草叶片培养 10d 后发生不定芽、不定根的情况，计算生芽率（%）或生根率（%）：

$$生芽率（\%）=\frac{生芽外植体数}{接种叶片外植体总数}\times 100$$

$$生根率（\%）=\frac{生根外植体（或愈伤组织）块数}{接种外植体（或愈伤组织）总数}\times 100$$

［思考题］

1．植物愈伤组织分化形成芽和根的能力与哪些因素有关？

2．烟草叶片可通过几条途径形成试管苗？调节条件有哪些？

［参考文献］

潘瑞炽，施和平，李玲等．2006．植物细胞工程．广州：广东高等教育出版社

王小菁，李玲．2002．植物生长调节剂在植物组织培养中的应用．北京：化学工业出版社

模块 8　植物光抑制

【模块实验目的】

光作为光合作用的唯一能量来源，是绿色植物维持生命活动的基本条件。光合机构把光能转化成化学能用于CO_2固定和其他同化反应（氧、氮和硫等还原作用）。一般来说，C_4植物比C_3植物具有更高的光合作用速率。当光合机构吸收的光能超过光合作用所能利用的量时，过剩的光能可引起光合量子效率和光化学效率降低，即发生光抑制。高光下C_3植物比C_4植物更容易发生光抑制现象。

本模块实验可认识植物光抑制的基本概念；了解C_3植物花生和C_4植物玉米的光合效率差异；学习测定植物叶绿素荧光参数 Fv/Fm 的意义及方法；掌握植物光合速率、光合速率-光强响应曲线和光合日变化的测定方法。

【流程图】

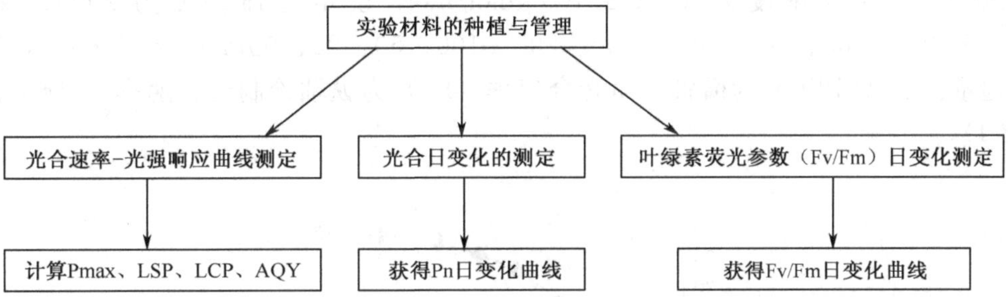

8-1　光合速率-光强响应曲线的测定

［实验目的］

掌握便携式光合测定仪测定植物光合速率-光强响应曲线的方法；了解C_4植物比C_3植物具有更高的光合效率。

［实验原理］

随光强增加光合速率上升的曲线叫做光合速率-光强响应曲线（图 8-1）。暗条件下叶片不能进行光合作用，只有呼吸作用释放CO_2。随着光强的增加，光合速率相应提高，当达到某一光强时，叶片的光合速率与呼吸速率相等，净光合速率为零，这时的光强称为光补偿点。在一定范围内（低光强区），光合速率随光强增加而成比例增加；超过一定光强后，光合速率增加变慢；当达到某一光强时，光合速率就不再随光强而增加，呈现光饱和现象。开始达到光合速率最大值时的光强称为光饱和点。

不同植物具有不同的光合速率-光强响应曲线，光补偿点和光饱和点也有很大差异。一般来说，光补偿点高的植物，其光饱和点也高。草本植物的光补偿点与光饱和点通常高于木本植物；阳生植物的光补偿点和光饱和点高于阴生植物；C_4植物的光饱和点高于C_3植物。光补偿点和光饱和点是植物需光特性的两个主要指标，光补偿点低的植物较耐荫，如大豆的光补偿点仅 0.5klx，适合与玉米间作。

影响光合速率-光强响应曲线测定结果的主要因素除了光强外，还有测定时叶室的温度与 CO_2 浓度，叶室温度控制在室温 25℃，叶室 CO_2 浓度一般设定为大气 CO_2 浓度，即 380μmol/mol。

［器材与试剂］

1. 实验仪器

便携式光合测定仪（LI-6400，LI-COR 公司，美国）

2. 实验材料

花生、玉米

［实验步骤］

1. 种子消毒后，浸种萌发，播种于装有泥土的塑料花盆中（盆口的直径约 10cm），每盆播 3 颗出芽整齐的种子，待幼苗生长约一周且稳定后，每盆留 2 棵苗，进行常规水肥管理。

2. 挑选长势一致的 5 盆幼苗，每株选取成熟叶片两片，做好标记。叶片在 1000μmol・m^{-2}・s^{-1} 的光强下先诱导 20min。叶室为红蓝光源叶室，测定温度为 (25±0.5)℃，CO_2 浓度为（380±10）μmol/mol，设定光强梯度为 2000、1800、1500、1200、1000、800、600、400、200、100、50、20、0μmol・m^{-2}・s^{-1}，以光量子通量密度（PPFD）为横轴，净光合速率（Pn）为纵轴绘制光合速率-光响应曲线（图 8-1）。

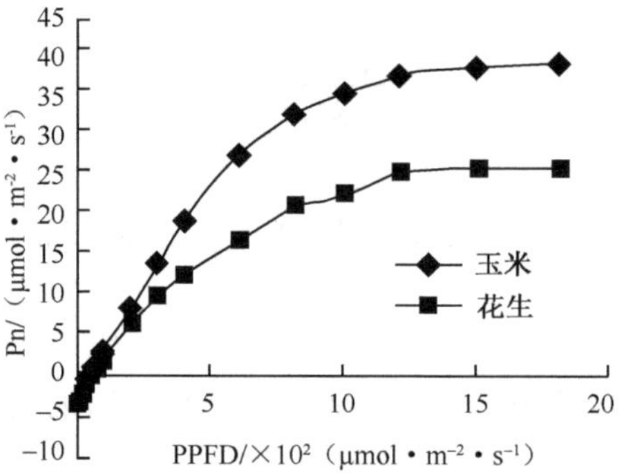

图 8-1　玉米和花生的光合速率-光强响应曲线（王群等，2004）

随光强增加，Pn 不再增加，此时纵坐标的 Pn 即为最大净光合速率（Pmax），此时的横坐标的 PPFD 值即为光饱和点（LSP）。曲线中低光强（PPFD<200μmol・m^{-2}・s^{-1}）部分，Pn 与 PPFD 呈直线关系，做直线回归方程 $y=Bx+C$，其中直线与 x 轴的交点为光补偿点（LCP），与 y 轴的交点为暗呼吸（Rd），直线的斜率为表观量子效率（AQY）。测定同一株植物的不同叶片的光合速率-光强响应曲线值，计算平均值和误差。

［实验作业］

填表 8-1，绘制玉米或花生幼苗的光合速率-光强响应曲线图。

表 8-1　C_4植物玉米与C_3植物花生叶片的光合速率-光强响应曲线

	LSP ($\mu mol \cdot m^{-2} \cdot s^{-1}$)	LCP ($\mu mol \cdot m^{-2} \cdot s^{-1}$)	AQY ($\mu mol \cdot \mu mol^{-1}$)	Rd ($\mu mol \cdot m^{-2} \cdot s^{-1}$)	Pmax ($\mu mol \cdot m^{-2} \cdot s^{-1}$)
玉米					
花生					

[注意事项]

便携式光合测定仪属于贵重仪器，使用时应非常小心，严格遵守仪器的操作规程。

[思考题]

分析玉米的 Pmax、LSP 和 AQY 值大于花生的原因。

8-2　光合日变化的测定

[实验目的]

掌握C_3植物和C_4植物光合日变化的测定方法；了解植物光合速率随日变化的节律和植物午休的概念。

[实验原理]

在一天之内，由于光强、温度、土壤和大气的水分、空气中CO_2浓度不断变化，使植物体内的水分状况、光合作用的中间产物含量及气孔开度等也不断发生相应变化，从而使光合速率出现明显的日变化。

在温暖的日子里，水分供应充足，光照则成为植物生长发育的主要限制因子，光合过程一般与太阳辐射进程相符合。从早晨开始，光合作用逐渐加强，中午达到高峰，然后降低，到日落则停止，成为单峰曲线。这是对无云的晴天而言。如果白天云量变化不定，则光合速率随到达地面的光强度的变化而变化，为不规则的曲线。但当晴天无云而太阳光照强烈时，光合进程便形成双峰曲线：一个高峰在上午，一个高峰在下午。中午前后光合速率下降，呈现“午休”现象。南方夏季日照强，作物“午休”会更普遍一些，在生产上应适时灌溉或选用抗旱品种，以缓和“午休”现象，增强光合能力。

[器材与试剂]

1. 实验仪器

便携式光合测定系统

2. 实验材料

花生、玉米

[实验步骤]

1. 植物培养

同实验 8-1。挑选长势一致的花生和玉米盆栽苗各 5 盆待测，每盆两株，每株选取成熟叶片两片，并做好标记。

2. 光合日变化的测定

利用光合测定系统的透明叶室，选择晴天（最好是夏天），分别在 8：00、10：00、12：00、14：00、16：00、18：00 测定光合速率（Pn），光源为自然光，叶片正对太阳。以一天的时间点为横坐标，以玉米和花生每时间点的 Pn 平均值为纵坐标做连线图，即可获得两种植物的光合速率日变化图（图 8-2）。

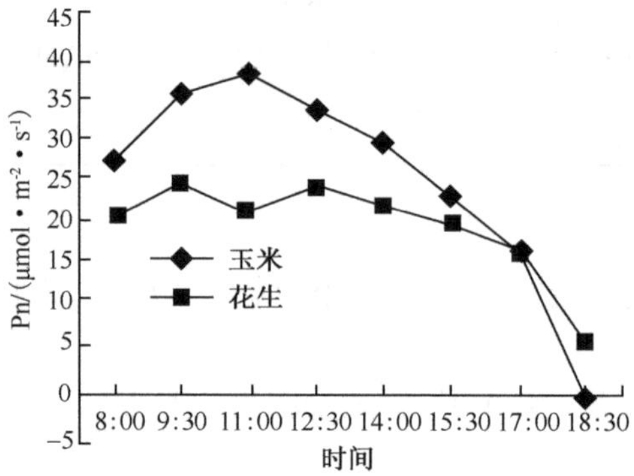

图 8-2　玉米和花生的光合速率日变化（王群等，2004）

［实验作业］

将测定结果填写表 8-2，分别绘制玉米或花生的光合速率日变化图。

表 8-2　C_4 植物玉米与 C_3 植物花生叶片的光合速率（Pn）日变化

（单位：$\mu mol \cdot m^{-2} \cdot s^{-1}$）

	8：00	10：00	12：00	14：00	16：00	18：00
玉米						
花生						

［注意事项］

测定光合日变化一定要选择天气晴朗的日子，如果是在多云或阴天测定，获得的结果无规律。

［思考题］

花生的光合日变化出现双峰型变化，而玉米则没有，为什么？

8-3　Fv/Fm 日变化的测定

［实验目的］

了解光抑制的定义，掌握测定 Fv/Fm 日变化的方法。

［实验原理］

Fv/Fm=(Fm−Fo)/Fm，其中 Fm 为最大荧光，Fo 为初始荧光，Fv/Fm 表示原初光能转化效率，其值的大小与光合电子传递活性呈正比。Fv/Fm 的下降是植物光抑制发生的指标之一。

叶绿素荧光动力学技术在测定叶片光合作用过程中光系统对光能的吸收、传递、耗散、分配等方面具有独特的作用。与“表观性”的气体交换指标相比，叶绿素荧光参数更反映“内在性”特点。玉米和花生 Fv/Fm 的日变化呈倒抛物线形（图 8-2），早晨和傍晚弱光下的光化学效率要高于中午强光下的光化学效率，且两种作物在中午光强最强的时候 Fv/Fm 值最低，发生了明显的光抑制现象。

［器材与试剂］

1. 实验仪器

便携式调制叶绿素荧光仪（PAM-2100，WALZ公司，德国）

2. 实验材料

花生、玉米

［实验步骤］

1. 植物培养

同实验 8-1。挑选长势一致的花生和玉米盆栽苗各 5 盆，每盆有两株植物，每株选取成熟叶片两片，并做好标记。

2. Fv/Fm 日变化的测定

选择晴朗的天气，利用便携式叶绿素荧光仪分别在同一天中的 8：00、10：00、12：00、14：00、16：00、18：00 测定同一叶片最大荧光（Fm）、初始荧光（Fo）。在测定 Fm 和 Fo 时，叶片暗适应 15 min，Fv/Fm＝(Fm－Fo)/Fm。

以一天的时间点为横坐标，以玉米或花生每时间点的 Fv/Fm 平均值为纵坐标做连线图，即可以获得两种植物 Fv/Fm 的光合日变化图。

［实验作业］

1. 填写表 8-3，分别绘制玉米、花生的 Fv/ Fm 日变化图。

表 8-3　C_4 植物玉米与 C_3 植物花生叶片的 Fv/Fm 日变化

	8：00	10：00	12：00	14：00	16：00	18：00
玉米						
花生						

2. 以早上 8：00 的最大值为对照，计算中午 Fv/Fm 最低值和 Fv/Fm 的下降幅度，填写表 8-4，比较两种植物在中午强光下 Fv/Fm 下降的最大幅度。

表 8-4　C_4植物玉米与 C_3植物花生叶片在中午 Fv/Fm 下降幅度的比较

	Fv/Fm(最大)	Fv/Fm(最小)	中午强光下 Fv/Fm 的下降幅度
玉米			
花生			

注：中午强光下 Fv/Fm 的下降幅度＝100％×[Fv/Fm(最大)－Fv/Fm(最小)]/[Fv/Fm(最大)]。

［注意事项］

测定 Fv/Fm 日变化一定要选择在天气晴朗的日子进行，植物的 Fv/Fm 值与叶片暗适应的时间有关，测定前以叶夹固定测定叶片进行暗适应 15min。

［思考题］

分析玉米与花生在中午强光下的光抑制强度的差异及其原因。

［参考文献］

林植芳，彭长连，林桂珠．1999. C_3、C_4植物叶片叶绿素荧光猝灭日变化和对光氧化的响应．作物学报，25(3)：284～290

王群，郝四平，栾丽敏等．2004. 玉米、花生叶片光合效率比较分析．河南农业大学学报，38(4)：243～248

张守仁．1999. 叶绿素荧光动力学参数的意义及讨论．植物学通报，16(4)：444～448

模块 9　逆境对植物组织的伤害

【模块实验目的】

逆境对植物的伤害表现在多方面，例如，使细胞脱水，造成膜系统破坏，透性加大，积累活性氧，膜酶活性紊乱等。植物对逆境产生各种适应性反应，如形成胁迫蛋白、增加渗透调节物质等。研究植物在逆境条件下的生理反应及其忍耐或抵抗能力，对采取有效措施提高植物的抗逆性具有十分重要的意义。

活性氧（reactive oxygen species，ROS），如 O_2^-、OH^-、H_2O_2等，是植物尤其是高等植物在有氧代谢过程中产生的。当植物受到逆境胁迫时，积累过氧化产物（如丙二醛等）和活性氧。因此，丙二醛和 O_2^-、OH^-、H_2O_2等通常被作为表示逆境条件对植物细胞伤害反应的生理指标。

植物遭受渗透胁迫产生生理性缺水，体内则大量累积脯氨酸，因此植物体内脯氨酸含量在一定程度上反映了植物体内的水分状况。

植物在遭受高温胁迫时其组织会产生特殊蛋白质。研究热激蛋白有助于了解植物的抗逆性机制。

本模块介绍在逆境条件（42℃）下，通过对植物组织中自由水和束缚水含量的测定，细胞膜透性测定，丙二醛（MDA）和过氧化氢含量测定，脯氨酸含量测定，胁迫蛋白检测等，学习评价植物对逆境响应的方法。

【流程图】

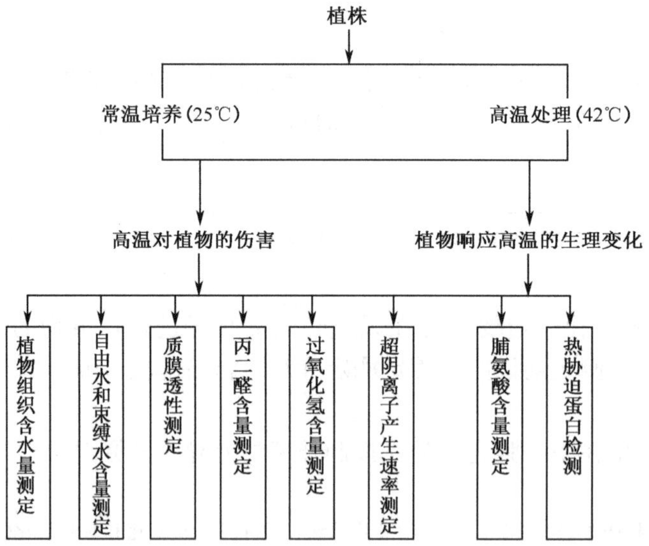

9-1 植物组织含水量的测定

[实验目的]

学习测定植物组织含水量的方法。

[实验原理]

用鲜重含水量、干重含水量和相对含水量反映植物水分状况。根据水遇热汽化蒸发的原理，用烘干法来测量植物组织的水分含量。为了使植物材料中的酶尽快钝化，先将植物材料置于105℃15min，再于80℃烘至恒重。组织内的束缚水全部逸出。鲜重与恒重之差，即为植物材料中水分的绝对含量。此水分绝对含量相对于植物材料鲜重的百分比为鲜重含水量；相对于植物材料干重的百分比为干重含水量；相对于植物材料饱和含水量的百分比为相对含水量。

[器材与试剂]

1. 实验仪器与用具

烘箱、分析天平、称量瓶、磁盘、干燥器、真空泵、坩埚钳、培养皿或烧杯、打孔器、剪刀、镊子、滤纸、吸水纸、纱布

2. 实验材料

玉米、水稻等叶片

[实验步骤]

1. 将洗净的称量瓶于105℃1h，干燥器内冷却至室温后，用分析天平称重，再将称量瓶放入105℃ 1h，于干燥器内冷却称重。如此反复至恒重，记下称量瓶的质量，用W_1表示。

2. 从植株上取下待测的植物材料，立即剪碎放入称量瓶内，盖上盖子称量（读数精确至0.001g），此质量减去称量瓶的质量即为植物材料的自然鲜重（W_f）；将称量瓶放入105℃烘箱，将盖子打开，斜立在口上，烘4h以上关掉电源，待瓶的温度降至60～70℃时盖上盖子，并移至干燥器中冷却，于分析天平上称重。重复上述操作，烘烤、冷却、称重，直至恒重。恒重后的质量减去称量瓶的质量，即为植物材料的干重（W_d）；同时，将称量的植物鲜样浸入装有蒸馏水的烧杯中，放入真空干燥器内，减压（0.5负压）渗入0.5～1.0h，使组织吸水达到饱和状态，用吸水纸吸去表面的水分，立即放入称量瓶中称重。再重复上述操作数次，至恒重为止。恒重后的质量减去称量瓶质量，即为植物组织被水分饱和后的质量（W_t）。

[实验作业]

计算所测样品的鲜重含水量、干重含水量和相对含水量。

$$鲜重含水量（\%）=\frac{(W_f-W_d)}{W_f}\times 100$$

$$干重含水量（\%）=\frac{(W_f-W_d)}{W_d}\times 100$$

$$相对含水量（\%）=\frac{(W_f-W_d)}{(W_t-W_d)}\times 100$$

［注意事项］

取样要均匀一致，将材料放在铺有湿滤纸的培养皿中加盖保存。

［实验扩展］

可采用 HG63 水分测定仪测定植物组织含水量。

HG63 水分测定仪是根据热重量分析原理进行测量，即加热干燥过程中，以样品失重来确定水分。本仪器由精密天平和卤素加热单元组成，其中卤素加热单元保证样品快速加热，使测量结果随即可得。操作步骤为：

（1）将水分测定仪放置在坚固、水平、无强力通风、避免粉尘的位置，调节仪器水平。

（2）设置仪器参数：干燥温度、关机模式、干燥时间等。

（3）按“ON/OFF”键接通仪器电源。按“打开/关闭自动加样室”键，自动加样室打开，装上空的样品盘并去皮重。暂时关闭自动加样室，然后再开启。

（4）加样品，样品尽可能小，均匀分布在样品盘上，样品量要适当才具有代表性，使测量结果有重复性。

（5）按“Start”键，自动加样室关闭，仪器开始干燥和测量样品。干燥结束后，样品室自动打开。能在显示屏上读出被测样品的水分含量。

［参考文献］

郝建军，康宗利，于洋．2007. 植物生理学实验技术．北京：化学工业出版社：23～24

9-2　自由水和束缚水含量的测定

［实验目的］

了解植物组织中水分存在的状态与植物生命活动的关系，熟悉折射仪的使用。

［实验原理］

植物组织中的水分依据其存在状态可分为自由水和束缚水两类。前者是不被细胞中胶粒和渗透物质所吸引或吸引很小的水分。当温度升高时，这部分水分可以变成水汽散出；温度降至零下时，则可结冰。后者是被细胞中的胶体颗粒和渗透物质所吸引，束缚在胶体颗粒和渗透物质周围的水分，它不能自由移动，当温度升高时不能蒸发，当温度降至 0℃时也不结冰。自由水和束缚水的含量及比值常与植物的生长和抗性有关。自由水含量较多时，植物代谢旺盛，生长速度快，但抗性较低；束缚水含量多时，则情况相反。束缚水与自由水的比值较大时，植物抗旱和抗寒的能力较强。因此，自由水与束缚水含量是植物抗性生理的一个指标。

植物组织中的自由水可以作为溶剂而被溶质夺取，束缚水不能作为溶剂，因而不被溶质夺取。依据这个特性，将植物组织浸入高浓度的蔗糖溶液中脱水一定时间，由蔗糖溶液从植物组织中夺取的水分为自由水，未被夺取而留在植物组织中的水分为束缚水。自由水的量可根据所加蔗糖溶液的浓度变化量来测知，植物组织中的总含水量减去自由水量，即为束缚水量。

［**器材与试剂**］

1. 实验仪器与用具

阿贝折射仪、分析天平（1/10 000）、烘箱、超级恒温水浴、打孔器、干燥器、滤纸、称量瓶、吸滤管、移液管

2. 实验试剂

质量浓度为65%～75%蔗糖溶液（65～75g蔗糖加25～35ml水加热溶解）

3. 实验材料

玉米、水稻等

［**实验步骤**］

1. 材料培养与处理

玉米、水稻等种子用水吸胀5h，萌动后种植于湿沙或垫有吸水纸的瓷盘中，当幼苗长至3或4片叶时用作实验材料。将实验材料分成2组，一组在42℃培养2h，另一组置室温（25℃）培养2h。

2. 取称量瓶4个，洗净，称重后备用。

3. 取42℃培养的生长一致的待测植株数株，取部位、叶龄等较一致的幼苗叶片10片，在叶子的半边钻下小圆片，每叶5片，放入1号称量瓶中，盖紧；然后在叶子的另半边的对称位置上同样钻下5个小圆片，放入2号称量瓶中，盖紧。以同样的方法取25℃培养的植株叶片，分别放入3号和4号称量瓶中，盖紧。

4. 1号称量瓶于105℃烘箱中烘干至恒重，计算水的百分含量；2号称量瓶放在分析天平上称量，求样品鲜重 m_1。同样，将3号称量瓶于105℃烘箱中烘干至恒重，计算含水量；4号称量瓶放在分析天平上称量，求样品鲜重 m'_1。

5. 用移液管吸取5ml质量浓度为65%～75%蔗糖溶液，分别加到2号、4号称量瓶中，加盖后用分析天平称量，求得所加蔗糖溶液的质量分别为 m_B、m'_B。小心摇动瓶中溶液，使与样品混合均匀，放在阴凉处4～5h，期间经常摇动。

6. 用折射仪分别测定各瓶中蔗糖溶液的质量分数，用吸管分别吸取2号、4号瓶中上层透明的溶液少许，滴在折射仪棱镜的毛玻璃上，旋紧棱镜，测定浸出液的含糖质量浓度 B_2、B'_2。棱镜用蒸馏水清洗并擦拭干净后，再用同样方法测得原来蔗糖溶液的含糖质量浓度 B_1、B'_1。

［**实验作业**］

按下式计算植物样品中自由水的百分含量。

$$B=\frac{m_B(B_1-B_2)}{B_2\times m_f} \tag{1}$$

式中，B 为自由水的百分含量；m_B为加入样品中蔗糖溶液的质量；B_1为原蔗糖溶液质量浓度百分数；B_2为加样后糖溶液的质量浓度百分数；m_f为植物样品鲜重。

同理可以算出 B'。

公式（1）还可根据如下关系导出：

如 m_A为样品中自由水质量；加样后糖溶液中自由水质量为（m_B+m_A）×$(1-B_2)$；原来糖溶液中自由水质量为 $m_B(1-B_1)$。

则样品中自由水质量 $m_A=(m_B+m_A)(1-B_1)-m_B(1-B_2)$

简化得

$$m_4 = \frac{m_5(B_1 - B_2)}{B_2} \tag{2}$$

$$B = \frac{m_5(B_1 - B_2)}{B_2 \times m_2}$$

式（2）和式（1）完全相等。

求得自由水含量后，即可根据下式求出束缚水含量。

束缚水含量＝组织中总水含量－组织中自由水含量

［注意事项］

1. 用于计算含水量的叶片要在生长、部位、叶龄等方面一致。
2. 用折射仪测定蔗糖浓度时，要注意校正和控制温度。

［思考题］

1. 植物组织中的自由水与束缚水的生理作用有何不同？
2. 束缚水含量与植物的抗性有关？分析原因。

［参考文献］

耶尔马科夫 A. H. 等著．1956．植物生物化学研究法．吴相钰译．北京：科学出版社：36～37

张志良，瞿伟菁．2003．植物生理学实验指导．第三版．北京：高等教育出版社：1～3

9-3 植物细胞质膜透性的检测

［实验目的］

了解高温对植物细胞膜的伤害作用；学会使用电导率仪。

［实验原理］

植物细胞膜是分隔细胞质和胞外成分的屏障，也是细胞与环境发生物质交换的主要通道以及细胞感受环境胁迫最敏感的部位。细胞膜的选择透性是最重要的功能之一。逆境伤害会造成质膜选择透性的改变或丧失，使细胞内的物质（尤其是电解质）大量外渗，引起组织浸泡液的电导率值发生变化。通过测定外渗液电导率的变化，就可知质膜的伤害程度和所测材料抗逆性的大小。

［器材与试剂］

1. 实验仪器与用具

DDS-11A 型数显电导率仪、温箱、烧杯、量筒、镊子

2. 实验试剂

去离子水

3. 实验材料

玉米、水稻、豌豆、绿豆等幼苗

［实验步骤］

1. 取玉米、水稻等种子，用水吸胀 5h，萌动后将种子种植于湿沙或垫有吸水纸的瓷盘中，当幼苗长至 3 或 4 叶期时，即可用作实验材料。取出幼苗，不要伤害根系，除去幼苗上残留的胚乳，用蒸馏水漂洗数次，以除去伤口上的物质，减少伤口物质外渗的

影响。用吸水纸吸干外附水，然后以10株为一组，分别放在盛有20ml蒸馏水的2个小烧杯中，将一杯放在45℃温箱中，另一杯放在室温20～30℃条件下。

2. 1～3h后，小心取出幼苗，冷却至室温，用电导仪测量每一小杯中溶液的电导度。

3. 将材料放在烧杯中，沸水煮沸10min，取出幼苗，冷却至室温后再次测定电导率值。

［实验作业］

通过测量电导率值，试比较玉米和豌豆幼苗在高温中的受害程度。

［注意事项］

1. 电导法对水和容器的洁净度要求严格，水的电导值要求1～2S（西门子）；所用容器必须清洗后，再用去离子水冲净，倒置于洗净且垫有洁净滤纸的瓷盘中，干燥后备用。

2. CO_2在水中的溶解度较高，测定电导时要防止高CO_2气源和口鼻中呼出的CO_2进入试管，以免影响结果的准确性。

3. 温度对溶液的电导影响很大，故各待测溶液必须在相同温度下进行测定。对于大多数离子来说，温度每升高1℃，电导约增加2%。实际测定中往往不是在恒温（25℃）下进行，为了便于相互比较不同温度条件下测定结果，应换算成某标准温度下（如25℃）的电导率值。温度校正可按下式进行：

$$X_{25}=A_t[1+0.02(t-25)]$$

式中，X_{25}为校正成25℃时的电导率值；A_t为在t℃下实测电导率值；t为测定时溶液的温度；0.02为溶液每增加1℃电导率增加的值。

4. 在电导率测定中要用去离子水，若制备困难可用蒸馏水代替，但需要设一空白试管（蒸馏水作空白）。测定样品时同时测定空白电导率值，按下式计算相对电导率，即

$$\text{相对电导率}(\%)=\frac{\text{浸泡液电导率值}-\text{空白电导率值}}{\text{煮沸后电导率值}-\text{空白电导率值}}\times 100$$

［实验扩展］

电解质外渗量表示

1. 电导率值表示

浸泡液电导率值减去相应无离子水的本底电导率值（有时为了防止各试管洁净程度的影响，应先测定各管无离子水的电导率值作为本底值，经调整使各管本底值接近后，再浸泡材料），除以浸泡材料的质量，折算成每克鲜重的材料的电导率值（$\mu S \cdot cm^{-1} \cdot g^{-1}$）；或除以浸泡液的体积，折算成$\mu S \cdot cm^{-1} \cdot g^{-1} \cdot ml^{-1}$。

对于浸泡液量不同的测定结果，需经过换算后才能进行比较，如A样品用20ml去离子水浸泡，B样品用30ml去离子水浸泡，A样和B样的测定值（$\mu S \cdot cm^{-1} \cdot g^{-1}$）应按下式换算，即

a＝B×B样加水体积/A样加水体积，b＝A×A样加水体积/B样加水体积

式中，a、b为可比较的A样和B样的测定值。

2. 相对电解质渗出率表示

相对电导率的大小表示细胞膜受伤害的程度。为了消除实验中多种误差的影响和便于各研究结果之间的相互比较，可采用相对值表示，即

$$电解质渗出率(\%)=\frac{浸泡液电导率值}{煮沸后电导率值}\times 100$$

$$相对电解质渗出率(\%)=\frac{处理电导率值-本底电导率值}{处理煮沸后电导率值-本底电导率值}\times 100$$

$$质膜相对透性(\%)=\frac{处理电导率值-对照电导率值}{处理煮沸后电导率值-本底电导率值}\times 100$$

[思考题]

分析电导率法测定质膜透性结果的影响因素。

[参考文献]

郝再彬，苍晶，徐仲．2004．植物生理实验．哈尔滨：哈尔滨工业大学出版社：101～104

张志良，瞿伟菁．2003．植物生理学实验指导．第三版．北京：高等教育出版社：256～258

附：DDS-11A 型数显电导率仪的使用

（1）打开电源开关，预热 10min。

（2）用温度计测量被测液温度，将“温度”钮置于被测液的实际温度相应位置。当“温度”钮置于 25℃位置时，则无补偿作用。

（3）将电极浸入被测溶液，电极插头插入电极插座。

（4）“校正-测量”开关扳向“校正”，调节“常数”钮使显示数与所使用电极的常数一致。

（5）将“校正-测量”开关置于“测量”位，将“量程”开关扳在合适的量程档，待显示稳定后，仪器显示数值即为溶液在实际温度时的电导率（注意：在测量过程中每切换量程一次都必须校准一次，以免造成测量误差）。

9-4　丙二醛含量的测定

[实验目的]

学习测定植物组织内丙二醛含量的常用方法。

[实验原理]

丙二醛（malondialdehyde，MDA）是细胞膜脂过氧化作用的产物之一，丙二醛产生数量的多少代表细胞膜脂过氧化的程度，可间接反映植物组织抗氧化能力的大小。

在酸性和高温条件下，丙二醛（MDA）可与硫代巴比妥酸（TBA）反应生成红棕色的三甲川（3，5，5′-三甲基噁唑 2，4-二酮），其最大吸收峰在 532nm 处，据此可测定丙二醛含量。可溶性糖干扰该反应，糖与 TBA 的反应产物在 532nm 处也有吸收（最大吸收波长在 450nm 处，图 9-1）。

植物经受逆境胁迫时，组织内可溶性糖增加，因此测定丙二醛时需排除前者的干扰，通常加入低浓度 Fe^{3+}［使其终浓度为 0.5nmol/L，植物组织中铁的含量一般为 100～300μg/(gDW)］，以显著增加 TBA 与糖的显色反应产物在 450nm 处的吸收。

采用双组分分光光度法可分别求出 MDA 和可溶性糖的含量。该法针对混合液中的两个组分，它们的光谱吸收峰虽有明显的差异，但吸收曲线彼此又有些重叠，可根据 Lambert-Beer 定律，通过代数方法，计算出一种组分由于另一种组分的存在而对光密

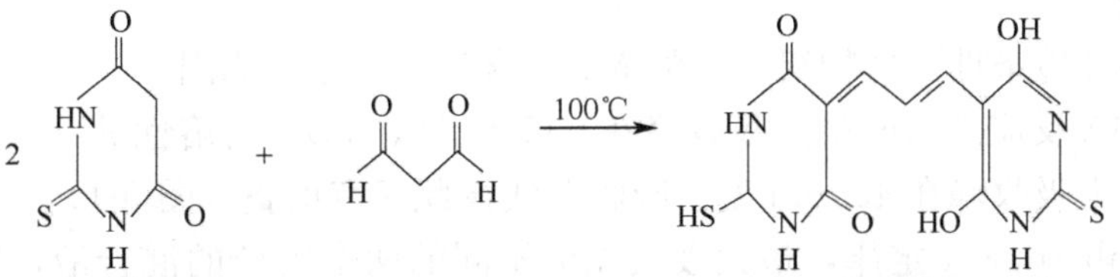

硫代巴比妥酸　　丙二醛　　3,5,5′-三甲基嗯唑2,4-二酮
（三甲川）

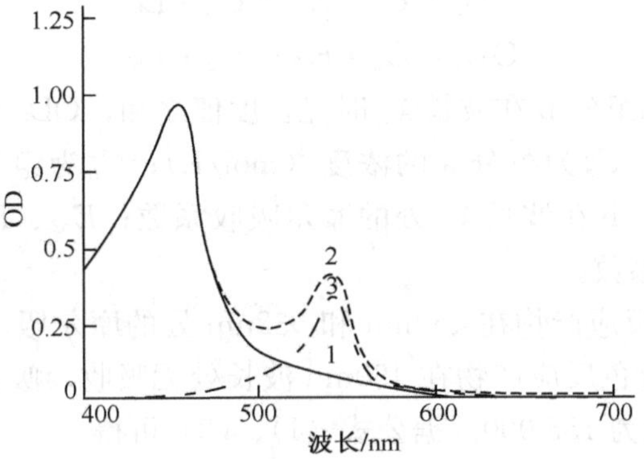

图 9-1　MDA、蔗糖及其混合物与 TBA 反应产物的吸收光谱图

1：10mmol/L 蔗糖；2：10mmol/L 蔗糖+1.84μmol/L MDA；3：1.84μmol/L MDA

度产生的影响，最后分别得到两种组分的含量。

［器材与试剂］

1. 实验仪器与用具

分光光度计、离心机、电子天平、研钵、具塞试管、移液管（2ml 和 10ml）、剪刀、恒温水浴锅

2. 实验试剂

0.6%硫代巴比妥酸（TBA）溶液：先加少量的氢氧化钠（1mol/L）溶解，再用 10%TCA 定容。

10%三氯乙酸（TCA）

3. 实验材料

玉米、水稻等叶片

［实验步骤］

1. MDA 的提取

取叶片 1g 将其剪碎，加入 10%三氯乙酸（TCA）2ml 和少量石英砂，研磨；进一步加入 8ml TCA 充分研磨，匀浆液以 4000r/min 离心 10min，上清液即为样品提取液。

2. 显色反应及测定

取一试管，吸取 2ml 提取液，对照试管加 2ml 蒸馏水，各加入 2ml 0.6%TBA 液，混匀后，试管加盖塞，置于沸水浴中煮 15min，冷却，以 4000r/min 离心 15min，取上清液测定 532nm 和 450nm 的 OD 值。

［实验作业］

比较不同环境条件下植物组织中的 MDA 含量，并分析原因。

MDA-TBA 反应产物的最大吸收峰在 532nm 处，TBA-可溶性糖（以蔗糖为例）的反应产物的最大吸收峰在 450nm 处，吸收曲线彼此又有重叠（图 9-1）。

根据 Lambert-Beer 定律，最大吸收光谱不同的两个组分的混合液，它们的浓度 C 与 OD 值之间有如下关系：

$$OD_1 = C_a \cdot E_{a1} + C_b \cdot E_{b1} \quad (1)$$

$$OD_2 = C_a \cdot E_{a2} + C_b \cdot E_{b2} \quad (2)$$

式中，OD_1 为组分 a 和组分 b 在波长 λ_1 时光密度值之和；OD_2 为组分 a 和组分 b 在波长 λ_2 时光密度值之和；C_a为组分 a 的浓度（mol/L）；C_b为组分 b 的浓度（mol/L）；E_{a1}、E_{b1}分别为组分 a、b 在波长 λ_1 处的摩尔吸收系数；E_{a2}、E_{b2}分别为组分 a、b 在波长 λ_2 处的摩尔吸收系数。

已知蔗糖与 TBA 反应产物在 450nm 和 532nm 处的摩尔吸收系数分别为 85.40 和 7.40；MDA 与 TBA 显色反应产物在 450nm 波长处无吸收，吸收系数为 0；于 532nm 波长处的摩尔吸收系数为 155 000。据公式（1）、（2）可得

$$OD_{450} = C_1 \times 85.4$$

$$OD_{532} = C_1 \times 7.4 + 155\,000 \times C_2$$

求解方程得

$$C_1/(\text{mmol/L}) = 11.71\ OD_{450} \quad (3)$$

$$C_2/(\mu\text{mol/L}) = 6.45\ OD_{532} - 0.56\ OD_{450} \quad (4)$$

式中，C_1为可溶性糖的浓度；C_2为 MDA 的浓度。

根据公式（4）即可计算样品提取液中 MDA 含量 C_2，然后再用 μmol(C_2/100）表示丙二醛的含量。

［注意事项］

1. 0.1%～0.5%三氯乙酸对 MDA-TBA 反应较合适，若高于此浓度，其反应液的非专一性吸收偏高。

2. MDA-TBA 显色反应的加热时间，沸水浴控制在 10～15min。时间太短或太长均会引起 532nm 处的吸光度下降。

3. 在糖类物质干扰下（如衰老时），吸光度的增大，不再是由于脂质过氧化产物 MDA 含量的升高，而是因为水溶性碳水化合物的增加改变了提取液成分。不能再用 532nm、600nm 两处的 A 值计算 MDA 含量，可测定 510nm、532nm、560nm 处的 A 值，用 $A_{532}-(A_{510}-A_{560})/2$ 的值来代表丙二醛与 TBA 反应液的吸光度。

［思考题］

1. 样品中可溶性糖含量影响丙二醛含量的测定，如何消除其影响？

2. 待测丙二醛反应液加热时间过长会影响测定结果吗？为什么？

［参考文献］

赵世杰，许长成，邹琦等．1994. 植物组织中丙二醛测定方法的改进．植物生理学通讯，30(3)：207～210

陈贵，胡文玉，谢甫绨等．1991. 提取植物体内 MDA 的溶剂及 MDA 作为衰老指标的探索．植物生理学通讯，27(1)：44～46

9-5 超氧阴离子产生速率的测定

[实验目的]

学习测定植物组织中超氧阴离子产生速率的方法。

[实验原理]

超氧阴离子自由基（O_2^- ·）与羟胺反应，生成 NO_2^-，NO_2^- 与对氨基苯磺酸和 α-萘胺反应生成粉红色的偶氮染料，该染料在 530nm 波长处具有显著光吸收。因此，利用羟胺氧化的方法测定植物组织中超氧阴离子的产生速率。

超氧阴离子自由基（O_2^- ·）与羟胺反应式如下：

$$NH_2OH + 2O_2^- \cdot + H^+ \longrightarrow NO_2^- + H_2O_2 + H_2O$$

用 KNO_2 制作标准曲线，以 NO_2^- 浓度乘以 2 作为 O_2^- 浓度，计算出样品中 O_2^- 的产生速率。

[器材与试剂]

1. 实验仪器与用具

研钵、高速冷冻离心机、微量移液枪、离心管、试管、水浴锅、容量瓶（100ml 和 1000ml)、分光光度计

2. 实验试剂

65mmol/L 磷酸钾缓冲液（pH7.8）

提取缓冲液（含 1mmol/L EDTA、0.3% TritonX-100 和 2%PVP)：称取 29.2mgEDTA、2gPVP，取 0.3ml TritonX-100，加入到 65mmol/L 磷酸钾缓冲液（pH7.8）中，溶解后定容至 100ml，混匀。

10mmol/L 盐酸羟胺溶液

58mmol/L 对氨基苯磺酸溶液：称取 1.004g 对氨基苯磺酸，用冰乙酸∶水（体积比3∶1）溶解，定容至 100ml。

7mmol/L α-萘胺溶液：称取 100.2mg α-萘胺，用冰乙酸∶水（体积比 3∶1）溶解，并定容至 100ml。

100μmol/L KNO_2 标准溶液：称取 85.1mg KNO_2，用蒸馏水溶解，并定容至 100ml，即为 10mmol/L KNO_2 溶液。取 1ml 该溶液，稀释至 100ml，即为 100μmol/L KNO_2 标准溶液。根据 O_2^- · 与羟胺反应式，计算出此溶液相当于 200μmol/L O_2^-。

3. 实验材料

玉米、水稻、芹菜等

[实验步骤]

1. 制作标准曲线

取 7 支试管，编号，按表 9-1 分别加入各种试剂，摇匀。置 25℃保温箱 20min。分别加入 1ml 58mmol/L 对氨基苯磺酸溶液和 1ml 7mmol/L α-萘胺溶液，混匀，25℃保温 20min，以 0 号管为对照进行调零，立即在波长 530nm 处测定吸光度。以吸光度值为纵坐标，超氧阴离子物质量（μmol）为横坐标，制作标准曲线。

表 9-1　绘制 KNO_2 标准曲线各试剂加入量

项目	管号						
	0	1	2	3	4	5	6
100μmol/L KNO_2 标准液/ml	0	0.1	0.2	0.3	0.4	0.5	0.6
蒸馏水/ml	1.0	0.9	0.8	0.7	0.6	0.5	0.4
50mmol/L 磷酸缓冲液(pH7.8)/ml	1.0	1.0	1.0	1.0	1.0	1.0	1.0
1mmol/L 盐酸羟胺溶液/ml	1.0	1.0	1.0	1.0	1.0	1.0	1.0
相当于超氧阴离子的物质的量/μmol	0	0.02	0.04	0.06	0.08	0.10	0.12

2. 提取

取逆境处理的芹菜叶片，以正常条件下生活的植株叶片为对照，剪碎后混匀，分别称取 1g 样品，加入 3ml 提取缓冲液，在冰浴条件下研磨匀浆，于 12 000*g*、4℃离心 20min，收集上清液，测量样品提取液总体积，此液为植物 O_2^- 提取液。

3. 测定

取 0.5ml 上清液，加入 0.5ml 50mmol/L 磷酸钾缓冲液（pH7.8）和 0.1ml 10mmol/L 盐酸羟胺溶液，摇匀，25℃保温 20min。取出后加入 1ml 58mmol/L 对氨基苯磺酸溶液和 1ml 7mmol/L α-萘胺溶液，混匀，25℃保温 20min，加入等体积三氯甲烷萃取色素，10 000r/min 离心 3min，取上层粉红色水相，测定 530nm 处吸光度。

［实验报告］

根据样品管显色液与对照管显色液吸光值的差值，从标准曲线上查出相应的超氧阴离子的物质的量，以每分钟每克鲜重组织产生的超氧阴离子的物质的量作为超氧阴离子的产生速率，表示为 nmol/(min·g)。计算公式：

$$\text{超氧阴离子}(O_2^-)\text{产生速率}[\text{nmol}/(\text{min}\cdot\text{g})]=\frac{n\times V\times 1000}{V_S\times t\times m}$$

式中，n 为由标准曲线查得的溶液中超氧阴离子的物质的量（μmol）；V 为样品提取液总体积（ml）；V_S 为吸取样品液体积（ml）；t 为样品与羟胺反应的时间（min）；m 为样品质量（g）。

测得样品中蛋白质含量后，也可以 nmol/[min·(mg 蛋白质)] 表示超氧阴离子（O_2^-）的产生速率。

［思考题］

本实验设置对照可以消除哪些影响因素？

［参考文献］

李忠光，龚明．2005. 植物中超氧阴离子自由基测定方法的改进．云南植物研究，27（2）：211～216

9-6　过氧化氢含量的测定

［实验目的］

学习植物组织中过氧化氢含量测定的原理和方法。

［实验原理］

植物组织内积累的 H_2O_2 是由一些氧化酶（主要是超氧化物歧化酶 SOD，其他如氨基酸氧化酶、葡萄糖氧化酶、乙二醇氧化酶）催化超氧阴离子发生氧化还原反应而形成。H_2O_2相对超氧阴离子性质较稳定，但还是一种氧化剂，它的存在可以直接或间接地导致细胞膜脂质过氧化损害，加速细胞的衰老和解体。H_2O_2也有其积极的一面，如参与植物抗病性和抗逆性的启动和诱导过程。因此，了解植物组织中 H_2O_2的代谢具有重要的意义。

H_2O_2与四氯化钛（或硫酸钛）反应生成的过氧化物-钛复合物黄色沉淀，溶解于硫酸后，可在波长 412nm 处比色测定。在一定范围内，其颜色深浅与 H_2O_2浓度呈线性关系。

［器材与试剂］

1. 实验仪器与用具

高速冷冻离心机、分光光度计、通风橱、微量移液枪、离心管、试管、容量瓶（100ml）、研钵

2. 实验试剂

－20℃预冷丙酮、浓氨水

2mol/L 硫酸：取 10ml 浓硫酸，稀释到 90ml。

10％(*V*/*V*) 四氯化钛-盐酸溶液：在通风橱中，将 10ml 四氯化钛缓慢加入到 90ml 浓盐酸中。轻轻地在操作台上平摇，使四氯化钛充分溶解。将试剂转入到棕色瓶中，密封，4℃保存。

100μmol/L H_2O_2-丙酮试剂：取 57μl 30％分析纯 H_2O_2溶液，溶于重蒸水中，定容至 100ml，得 10mmol/L H_2O_2溶液。取 1ml 该溶液，溶于丙酮中，并用丙酮定容至 100ml，即为 100μmol/L H_2O_2-丙酮试剂。H_2O_2试剂要保证新鲜，不能使用库存多年的。

3. 实验材料

玉米、水稻、芹菜等

［实验步骤］

1. 标准曲线的制作

取 6 支试管，编号，按照表 9-2 在通风橱中向各试管加入各试剂（注意：在加入四氯化钛和浓氨水时，要直接加入到溶液中，以减少挥发损失和管壁附着损失），混匀，反应 5min 后，12 000*g*，4℃离心 15min。弃上清液，留沉淀，并向各试管沉淀中加入 2mol/L 硫酸 3ml，摇动，使沉淀完全溶解。以 0 号管为对照调零，波长 412nm 处比色测定溶液的吸光度。以吸光度值为纵坐标，H_2O_2物质的量（nmol）为横坐标，制作标准曲线。

表 9-2　H_2O_2浓度标准曲线各试剂加入量

项目	试管号					
	0	1	2	3	4	5
100μmol/L H_2O_2-丙酮试剂/ml	0	0.2	0.4	0.6	0.8	1.0
－20℃预冷丙酮/ml	1.0	0.8	0.6	0.4	0.2	0
10％四氯化钛-盐酸溶液/ml	0.1	0.1	0.1	0.1	0.1	0.1
浓氨水/ml	0.2	0.2	0.2	0.2	0.2	0.2
相当于 H_2O_2物质的量/nmol	0	20	40	60	80	100

2. 提取

按实验 9-5 的方法取材，称取 5g 样品，加入 5ml 预冷的丙酮，在通风橱中冰浴条件下研磨成匀浆后，12 000g，4℃离心 20min，收集上清液，测量提取液总体积。

3. 测定

吸取上清液 1ml，加入表 9-2 所列各试剂（以 5 号管为准），按制作标准曲线相同的程序进行操作。但需用－20℃预冷丙酮将离心得到的沉淀物反复洗涤 2 或 3 次，直到除去色素。再向沉淀中加入 3ml 2mol/L 硫酸，待沉淀完全溶解后进行比色测定。重复 3 次。

［实验报告］

根据溶液吸光度，从标准曲线上查出相应的过氧化氢的物质的量，表示单位为 nmol/g 鲜重。计算公式：

$$过氧化氢含量(\text{nmol/g 鲜重})=\frac{n\times V}{V\text{s}\times m}$$

式中，n 为标准曲线查得的溶液中过氧化氢物质的量（nmol）；V 为样品提取液总体积（ml）；Vs 为吸取样品液总体积（ml）；m 为样品鲜重（g）。

［注意事项］

1. 可用 5%硫酸钛代替 10%四氯化钛进行实验。在配制四氯化钛溶液时，一定要在通风橱中小心仔细地操作。

2. 在测定过程中滴加四氯化钛溶液和浓氨水时，要将它们直接滴加到试管内的溶液中，不能挂壁，然后迅速混匀。

3. 过氧化物-钛复合物黄色沉淀溶解于硫酸需一定时间，必须等待沉淀完全溶解，否则会影响比色测定的结果。

［思考题］

1. 加入四氯化钛和浓氨水的量对测定结果有什么影响？

2. 过氧化氢试剂能溶解于水，本实验能否用蒸馏水提取植物组织中的过氧化氢？为什么？

［参考文献］

曹建康，姜微波，赵玉梅. 2007. 果蔬采后生理生化实验指导. 北京：中国轻工业出版社

杨淑慎，高俊凤. 2001. 活性氧、自由基与植物的衰老. 西北植物学报，(2)：215～220

9-7 脯氨酸含量的测定

［实验目的］

学习测定脯氨酸的方法；了解高温胁迫对植物体内脯氨酸含量的影响。

［实验原理］

正常情况下植物体内游离脯氨酸含量为 200～690μg/g 干重。但当植物受到不同环境因素胁迫时，植物体中游离脯氨酸的含量就会发生很大的变化，引起游离脯氨酸大量积累，且积累指数与植物的抗逆性有关。因此，脯氨酸是反应植物抗逆性的生理指标之一。

在酸性条件下，脯氨酸和茚三酮反应产生稳定的红色络合物，该物质在 520nm 波

长处有一最大吸收峰，在一定范围内脯氨酸浓度的高低与吸光度成正比。

可用乙醇法和磺基水杨酸法提取样品中的游离脯氨酸。与乙醇法相比，磺基水杨酸法提取耗时短，提出的杂质少，不受样品状态（干样或鲜样）限制，不需要加活性炭去杂质，操作简便，准确可靠，适于大批量样品的测定。

［器材与试剂］

1. 实验仪器与用具

分光光度计、离心机、水浴锅、旋转振荡器、研钵、烧杯、移液管、容量瓶、具塞试管

2. 实验试剂

2.5%酸性茚三酮试剂：称取 2.5g 茚三酮放入烧杯，加入 60ml 冰乙酸和 40ml 6mol/L 磷酸，70℃加热溶解。冷却后储于棕色试剂瓶，4℃储存 2～3d 有效。

标准脯氨酸溶液：10mg 脯氨酸溶于 100ml 80%乙醇中，浓度为 100μg/ml。

3%磺基水杨酸水溶液、甲苯

3. 实验材料

玉米、水稻等叶片

［实验步骤］

1. 材料培养与处理

同实验 9-2。

2. 游离脯氨酸的提取

称取 0.1～0.5g 叶片材料，加 5ml 3%磺基水杨酸研磨，匀浆移至离心管中，在沸水浴中提取 10min，冷却，3000r/min 离心 10min，取上清液待测。

3. 游离脯氨酸的测定

取提取液 2ml 于具塞试管中，加入 2ml 蒸馏水、2ml 冰乙酸和 4ml 酸性茚三酮试剂，摇匀，在沸水浴中加热 60min，冷却至室温，加入 4ml 甲苯，充分振荡，以萃取红色产物。萃取后再静置使其分层，待完全分层后，吸取甲苯层，于分光光度计 520nm 波长处测定吸光度。

4. 制作标准曲线

100μg/ml 标准脯氨酸配制成 0、1、2、3、4、5、6、7、8、9、10μg/ml 的标准溶液。分别取各溶液 2ml，加入试管中，各加入 2ml 冰乙酸、4ml 酸性茚三酮试剂和 2ml 3%磺基水杨酸溶液。摇匀，在沸水浴中加热显色 60min，冷却至室温，加入 4ml 甲苯，充分振荡，以萃取红色产物。萃取后再静置使其分层，使红色物质全部转入甲苯层。用滴管或注射器轻轻吸取红色的甲苯溶液于比色皿中，在分光光度计 520nm 波长处测定吸光度，以光密度 OD_{520} 为纵坐标，脯氨酸含量为横坐标，绘制标准曲线。

［实验作业］

测定 42℃和室温条件下处理 2h 植物叶片脯氨酸的含量，分析原因。

$$\text{脯氨酸含量}(\%)=\frac{C\times\dfrac{V}{a}}{W\times10^6}\times100$$

式中，C 为由标准曲线查得脯氨酸含量（μg）；V 为提取液总体积（ml）；a 为测定液体

积（ml）；W 为样品质量（g）。

［注意事项］

茚三酮溶液仅在24h内稳定，现配现用。脯氨酸与茚三酮试剂在100℃的反应时间要严格控制，不宜过久，否则会引起沉淀。

［思考题］

1. 热胁迫下植物组织内游离脯氨酸含量变化有何意义？

2. 提取脯氨酸还有什么方法？测定时应做哪些改变？

［参考文献］

张殿忠，王沛洪，赵会贤．1990. 测定小麦叶片游离氨基酸含量的方法．植物生理学通讯，(4)：62～65

Troll W，Lindsley J. 1955. A photometric methods for the determination of praline. Jour Biol Chem，（215）：655～660

9-8　热激蛋白的检测（SDS-PAGE）

［实验目的］

1. 学习用SDS-PAGE方法测定蛋白质分子质量及染色鉴定。

2. 掌握垂直板电泳的操作方法。

［实验原理］

热激蛋白（heat-shock protein）是在高温诱导下启动或表达量升高的一类蛋白质的统称，按其亚基的相对分子质量大小分为：smHsp（M_r 为 14～30kDa）、Hsp60、Hsp70、Hsp90和Hsp100五个亚类。热激蛋白的产生可用SDS-PAGE方法检测。

SDS是一种阴离子表面活性剂，当向蛋白质溶液中加入足够的SDS时，会形成蛋白质-SDS复合物，这使得蛋白质的电荷和构象都发生改变。SDS使蛋白质分子的二硫键被还原，使各种蛋白质-SDS复合物都带上相同密度的负电荷，而且它的量大大超过了蛋白质分子原有的电荷量，因而掩盖了不同蛋白质间原有的天然电荷差别；在构象上，蛋白质-SDS复合物形成近似“雪茄烟”形的长椭圆棒状，这样的蛋白质-SDS复合物在凝胶中的迁移率就不再受蛋白质原来的电荷和形状的影响，而仅取决于蛋白质的相对分子质量。

聚丙烯酰胺凝胶（PAG）是由单体丙烯酰胺（Acr）和交联剂甲叉双丙烯酰胺（Bis）在加速剂四甲基乙二胺（TEMED）和催化剂过硫酸铵（AP）的作用下聚合交联而成的具有三维网状结构的凝胶。以此凝胶作为支持介质的电泳称为PAGE。PAGE分为连续系统和不连续系统两大类。连续系统电泳体系中缓冲液pH与凝胶中的相同，带电颗粒在电场作用下泳动，主要靠电荷和分子筛效应。不连续系统中带电颗粒在电场中泳动不仅有电荷效应、分子筛效应，还具有浓缩效应，因而其分离条带清晰度及分辨率均较前者佳。

SDS-PAGE是在蛋白质样品中加入SDS和含有巯基乙醇的样品处理液。SDS是一种很强的阴离子表面活性剂，它可以断开分子内和分子间的氢键，破坏蛋白质分子的二级和三级结构。强还原剂巯基乙醇可以断开二硫键破坏蛋白质的四级结构，使蛋白质分子被解聚成肽链形成单链分子。解聚后的侧链与SDS充分结合形成带负电荷的蛋白质-

SDS复合物。在SDS-PAGE电泳时，相对分子质量小的蛋白质迁移速度快，相对分子质量大的蛋白质迁移速度慢，这样样品中的蛋白质就可以分开形成蛋白质条带。

当蛋白质的分子质量为17 000～165 000kDa时，蛋白质-SDS复合物的电泳迁移率与蛋白质分子质量的对数呈线性关系。

将已知分子质量的标准蛋白质在为SDS-PAGE中的电泳迁移率对分子质量的对数作图，即可得到一条标准曲线。只要测得未知分子质量的蛋白质在相同条件下的电泳迁移率，就能根据标准曲线求得其分子质量。

[器材与试剂]

1. 实验仪器与用具

光照培养箱、冷冻离心机、水浴恒温振荡器、电泳仪、垂直板电泳槽、真空泵、培养皿、微量注射器、尼龙网

2. 实验试剂

蛋白质溶解液：含62.5mmol/L的Tris-HCl(pH6.8)，2%SDS，10%甘油，5%巯基乙醇及0.001%溴酚蓝。

电极缓冲液：3g Tris、14.4g甘氨酸、1g SDS溶于800ml蒸馏水中，用HCl调pH至8.3，加水定容至1000ml。

考马斯亮蓝染色液：0.5g考马斯亮蓝R-250溶于90ml甲醇中，再加入20ml冰乙酸和90ml水，混匀。

脱色液：37.5ml冰乙酸，25ml甲醇，加水定容至500ml。

标准蛋白：牛血清白蛋白，分子质量为66 200kDa。

母胶：丙烯酰胺30g、甲叉双丙烯酰胺（Bis）0.8g溶于100ml蒸馏水中，过滤后备用，4℃避光保存（丙烯酰胺为神经毒剂且具有累积性，使用时需小心）。

琼脂、甲叉双丙烯酰胺、丙烯酰胺、SDS、过硫酸铵、TEMED、氯化钠、75mmol/L磷酸缓冲液（pH 7.8）、丙酮

3. 实验材料

玉米、水稻等叶片

[实验步骤]

1. 材料准备

取种子用水吸胀，萌动后种植于湿沙或垫有吸水纸的瓷盘中，当幼苗长至3或4叶期时，即可用作实验材料。将实验材料分成2组，其中一组42℃培养2h，另一组室温培养2h。

2. 蛋白质提取

取正常培养豌豆叶和经高温胁迫处理的叶各5g，加入3ml预冷的蛋白质提取液（75mmol/L pH7.8的磷酸缓冲液），研磨成匀浆，匀浆液以15 000*g*，低温离心20min，上清液用4倍的冷丙酮沉淀，以8800*g*低温离心10min，将所获蛋白质沉淀称重，按1mg/ml溶液比例加蛋白质溶解液溶解。

3. 用考马斯亮蓝法（实验6-3）测定样品溶液中蛋白质含量。

4. 装好垂直板电泳槽，用热琼脂封胶。

制胶：分离胶和浓缩胶配制见表9-3，按比例混合分离胶中除过硫酸铵和TEMED

以外的各部分，经真空泵抽气后，最后加入催化剂过硫酸铵和 TEMED，混匀，立即将胶缓缓灌于玻璃槽中（注意防止产生气泡），垂直放置电泳槽，立即在胶面上小心注入3～4mm 水层，吸干。同法制备浓缩胶，将胶注入制备好的分离胶上，插入梳子，静放聚合。胶聚合后，小心取出梳子，向样品槽中加入电极缓冲液。

表 9-3　分离胶和浓缩胶的制备

储液	11%分离胶	3%浓缩胶
母胶	4.95ml	1.0ml
1.5mol/L Tris-HCl,pH8.9	3.375ml	—
0.5mol/L Tris-HCl,pH6.7	—	2.5ml
重蒸水	4.92ml	6.3ml
10%SDS	0.135ml	0.1ml
TEMED	6.75ml	15μl
10%过硫酸铵	108μl	75μl
总体积	13.5ml	10ml

待测样品处理：将加入了蛋白质溶解液的样品转移到带塞的小离心管中，轻轻盖上盖子在沸水浴中加热 3min，取出冷却后加样。

加样：用微量注射器分别取 10ml 样品液（蛋白质含量为 50μg 左右），小心地加入到凝胶凹形样品槽底部，并做好标记。边缘的样品槽中加标准蛋白。

电泳：将电泳仪的正极与下槽连接，负极与上槽连接，打开电泳仪开关，开始时电流为 10mA，待样品进入分离胶后，将电流调至 20～30mA，电压一般为 100V 左右。当溴酚蓝染料距硅胶框 1cm 时，停止电泳，关闭电源。

染色和脱色：电泳结束后，取下凝胶模，卸下硅胶框，用不锈钢药铲撬开短玻璃板，从凝胶板上切下一角作为加样标记，在两侧溴酚蓝染料区带中心，插入细铜丝作为前沿标记。加入染色液在 25℃下染色 6h，水洗 1 或 2 次后加入脱色液，于 25℃恒温水浴振荡器上脱色，直至蛋白质区带清晰。凝胶可进行拍照或扫描处理，计算相对迁移率。

[实验作业]

对比分析电泳结果，经胁迫后出现的蛋白质或含量增加的蛋白质即为热激蛋白。

[注意事项]

1. 丙烯酰胺溶液存放时间不宜过长，否则影响电泳速度。

2. 安装电泳槽时，要注意均匀用力旋紧固定螺丝，避免缓冲液渗漏。

3. 用琼脂封底及灌胶时不能有气泡，以免电泳时影响电流的通过。

4. 加样时样品不能超出凹形样品槽。加样槽中不能有气泡，如有气泡，可用注射器针头挑除。

5. 低分子质量标准蛋白试剂盒开封后，溶于 200μl 样品溶解液中，沸水浴中加热 3～5min 后上样。

[思考题]

1. 样品液为何在加样前需在沸水中加热几分钟？

2. 蛋白质电泳过程中，蛋白质分子迁移受到电泳系统中哪些因素的影响？

3. 高温胁迫后豌豆叶蛋白谱带与正常情况下相比，新增加的蛋白质的相对分子质量是多少？含量增加的蛋白质的相对分子质量又是多少？

［参考文献］

张志良，瞿伟菁．2003. 植物生理学实验指导．第三版．北京：高等教育出版社：256～258

中国科学院上海植物生理研究所，上海市植物生理学会．1999. 现代植物生理学实验指南．北京：科学出版社：311～312

模块 10　自由基清除

【模块实验目的】

植物在正常的生长情况下，活性氧的产生和清除处于动态平衡状态。当植物在逆境条件下生长时，这种平衡被打破，体内负责清除活性氧的抗氧化系统能力下降，从而造成活性氧的大量积累，并引发或加剧脂质过氧化作用，导致细胞质膜系统受损。植物体内存在的负责清除活性氧产生的抗氧化系统由两部分组成，即抗氧化酶类和抗氧化剂类。抗氧化酶类主要有超氧化物歧化酶（SOD）、过氧化氢酶（CAT）、抗坏血酸专一性过氧化物酶（APX）、谷胱甘肽还原酶（GR）；抗氧化剂类主要有抗坏血酸（维生素 C）、还原型谷胱甘肽、茶多酚、α-生育酚（维生素 E），它们在植物体内都可清除活性氧。本模块实验介绍了测定 3 种抗氧化酶和 2 种抗氧化剂的方法（抗坏血酸测定方法见实验 6-2）。

【流程图】

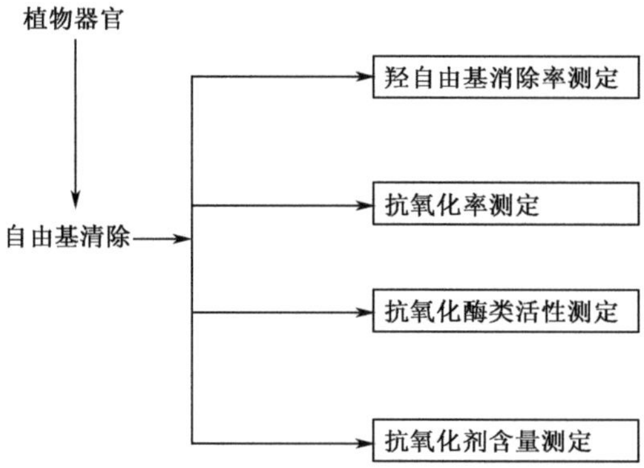

10-1　羟自由基清除率的测定

［实验目的］

学习和掌握测定植物组织内羟自由基清除率的方法。

［实验原理］

在植物生命活动的氧化代谢过程中不断产生各种自由基，其中羟自由基·OH 是体内最活泼的活性氧，可介导许多生理变化。例如，引发不饱和脂肪酸发生脂质过氧化反应，并损伤膜结构及功能。因此，羟自由基的检测对于自由基的生物作用研究具有重要意义。

测定羟自由基的方法有分光光度法、化学发光法、荧光法、电子自旋共振法 、高效液相色谱法等。分光光度法被认为是简便实用的方法，其测定原理：利用Fenton反应产生的羟自由基，用二甲基亚砜捕集·OH，产生的甲基亚磺酸与有机染料试剂坚牢蓝 BB 盐反应生成偶氮砜，经甲苯：正丁醇（3：1，V/V）混合物萃取后，用比色法测定溶液的吸光度值。

$$Fe^{2+}+H_2O_2 \!=\!=\!= Fe^{3+}+OH^{-}+\cdot OH$$

$$CH_3SOCH_3+\cdot OH \!=\!=\!= CH_3SOOH+CH_3$$

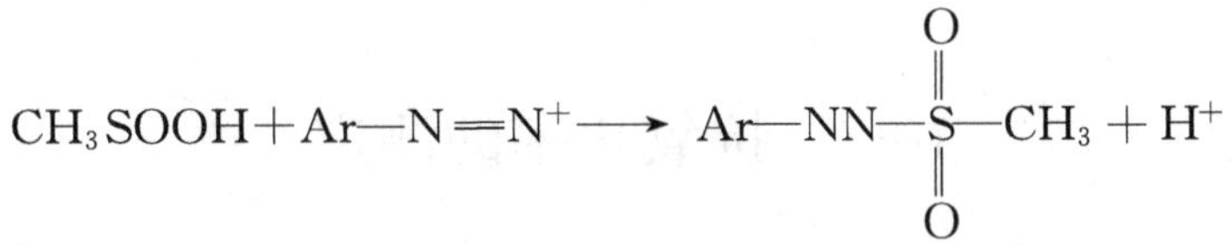

通过分析植物提取液捕获反应液中产生·OH量，可计算植物自由基消除的百分率。

［器材与试剂］

1. 实验仪器与用具

紫外可见分光光度计

2. 实验试剂

200mmol/L 二甲基亚砜、0.1mol/L HCl、18mmol/L $FeSO_4$、80mmol/L H_2O_2、15mmol/L 坚牢蓝 BB、正丁醇饱和的水

其他试剂：正丁醇、甲苯、吡啶、硫酸。

3. 实验材料

绿豆幼苗、芹菜或茶叶

［实验步骤］

1. 称取植物材料 5g，加入 5ml 去离子水研磨至匀浆，再加入 15ml 去离子水，浸泡 4h，3000*g* 离心 30min，取上清液待测。

2. 取 1 支 10ml 刻度具塞试管，加入 2ml 200mmol/L 二甲基亚砜、1ml 0.1mol/L HCl、2.5ml 18mmol/L $FeSO_4$、3ml 80mmol/L H_2O_2，最后加去离子水补充至刻度，混匀，作反应液。

3. 取 1ml 反应液，加入一定量的植物提取液，与 2ml 15mmol/L 坚牢蓝 BB 混合，在室温黑暗中反应 10min，再加入 1ml 吡啶使颜色稳定，然后加 3ml 甲苯∶正丁醇（3∶1，*V*/*V*）混合液，充分混合，静置分层，用吸管移走下层相（含有未反应的偶氮盐）并弃掉；上层为甲苯/正丁醇相，用 5ml 经正丁醇饱和的水冲洗，静置分层，将上清液移到比色皿中，测定 420nm 处吸光度 $A\text{x}$。

4. 另取 1 支试管，不加植物提取液，其他同步骤 3。测定 420nm 处吸光度 A_{O}。

［实验作业］

计算植物组织内羟自由基清除率。

$$\text{清除率}(\%)=(A_{\text{O}}-A\text{x}/A_{\text{O}})\times 100$$

式中，A_{O} 和 $A\text{x}$ 分别表示空白溶液和被测植物提取液的吸光度。

［注意事项］

在萃取过程中混匀即可，不要剧烈振荡，以免发生乳化；若出现轻微乳化现象，可通过离心去除。测定过程中的干扰因素较多，容易对测定的准确性和灵敏度造成影响。

［思考题］

在本实验中加入·OH 有机染料试剂的作用是什么？

[参考文献]

刘海英，山成龙. 2008. 药用植物大黄对·OH的清除作用的研究. 光谱实验室，25 (4)：614～617

徐向荣，王文华，李华斌. 1999. 比色法测定Fenton反应产生的羟自由基及其应用. 生物化学与生物物理进展，26 (1)：67～69

10-2 抗氧化率的测定

[实验目的]

学习利用β-胡萝卜素-亚油酸乳化液氧化法测定组织抗氧化率。

[实验原理]

β-胡萝卜素是一种多烯色素，易被氧化而褪去黄色。在反应介质中，由亚油酸氧化产生的过氧化物等能使β-胡萝卜素漂白，随时间的延长吸光度变小。当以吸光度对时间作图时可得到一条下降曲线。不同果实或种子含有抗氧化成分不同，其抗氧化活性不同，使β-胡萝卜素漂白的速率各异。用β-胡萝卜素-亚油酸乳化液法测定抗氧化活性，样品用量少，所用时间短，简捷方便。

[器材与试剂]

1. 实验仪器与用具

锥形瓶100ml和200ml、研钵、漏斗、烧杯、pH试纸

2. 实验试剂

β-胡萝卜素氯仿溶液：称取β-胡萝卜素50mg，溶于50ml氯仿中。使用前现配。

亚油酸氯仿溶液：称取亚油酸5g，溶于50ml氯仿中。使用前现配。

Tween-40氯仿溶液：称取Tween-40 10g，溶于50ml氯仿中。使用前现配。

β-胡萝卜素溶液：取0.5ml β-胡萝卜素氯仿溶液、0.2ml亚油酸氯仿溶液和1ml Tween-40氯仿溶液，置于50℃水浴中除去氯仿后，再加入100ml蒸馏水摇匀。

空白调零溶液：0.2ml亚油酸氯仿溶液和1ml Tween-40氯仿溶液，置于50℃水浴中除去氯仿，加入100ml蒸馏水摇匀。

样品提取剂：80%乙醇溶液。

磷酸缓冲液（pH6.86）：分别取0.2mol/L磷酸氢二钠溶液51.76ml、0.2mol/L磷酸二氢钠溶液53.76ml，于250ml的小烧杯中混合，蒸馏水定容200ml配制成pH6.86的磷酸缓冲液。

BHT标准液：取1mg标准抗氧化剂二丁基羟基甲苯溶于100ml样品提取剂中，制成10mg/L BHT溶液。

反应介质：取45ml β-胡萝卜素溶液和4ml 0.2mol/L的磷酸缓冲液，搅拌混匀后静置。

3. 实验材料

绿豆幼苗、芹菜或茶叶

[实验步骤]

1. 取经逆境处理的1g植物材料，剪碎，加入5ml 80%乙醇溶液，用研钵研磨成匀浆，过滤，滤渣用5ml 80%乙醇洗涤，过滤，合并滤液于100ml的锥形瓶中，加塞，静置20min后可测定。

2. 取 4 支试管，第 1 支试管加入 4ml 反应介质溶液和 0.5ml 提取液；第 2 支试管为对照管，加入 4ml 反应介质溶液和 0.5ml 80% 乙醇；第 3 支试管加入 4.5ml 标准 BHT 液，为标准抗氧化剂管。第 4 支试管加入 4.5ml 反应介质溶液，为空白调零管。

3. 用空白调零管溶液调零。测定所有试管在 470nm 处的吸光度（用 A_1 表示），后试管置于 50℃恒温水浴中 15min，再次测定 470nm 处吸光度（用 A_2 表示），即为褪色速率。求出各个试管吸光度的减少量（$\Delta A = A_1 - A_2$），分别算出与标准 BHT 溶液的吸光度减少量的比值。

［实验作业］

计算不同植物材料抗氧化活性［mg BHT/（100g 鲜重）］和抗氧化率，并分析原因。

$$\text{抗氧化率}（\%）=（Bs/B_0）\times 100$$

$$Bs = \Delta A\ \text{提取液}/\Delta A_{\text{BHT}} \quad B_0 = \frac{\Delta A\ \text{对照}}{\Delta A_{\text{BHT}}}$$

式中，Bs 为有植物提取液存在时 β-胡萝卜素的褪色速率；B_0 为不加植物提取液时 β-胡萝卜素的褪色速率。

［实验扩展］

在分析提取液的抗氧化活性后，根据需要进一步对提取物中抗氧化活性成分进行分离、纯化与鉴定。

在反应介质溶液中，随时间的延长，吸光度减小，不同植物的提取液具有不同的抗氧化能力，抗氧化能力越强，吸光度下降越慢。本实验测定在 30～45min 吸光度减小基本成线性变化。

［思考题］

测定结果用 100g 样品中所含有的抗氧化活性成分相当于 BHT 量表示，如何理解？

［参考文献］

郭鸽，姜淑娟，贾振宝等. 2008. 大豆发芽过程中抗氧化活性研究. 食品工业科技，5：262～264

洪庆慈，吴敏，吴月民等. 1998. 几种粮食皮壳提取物的抗氧化活性的测定. 粮食储藏，27（1）：36～37

田迪英，杨荣华. 2004. 果蔬抗氧化活性与总酚含量相关性研究. 化学世界，2：70～72

10-3　过氧化氢酶活性的测定

［实验目的］

学习植物组织中过氧化氢酶活性的测定原理与方法。

［实验原理］

过氧化氢酶（catalase，CAT）属于血红蛋白酶，含有铁，位于微体（过氧化物体、乙醛酸循环体及相关氧化酶定位的细胞器）中。其重要功能是在叶中除去光呼吸时产生的过氧化氢，催化体内积累的过氧化氢（H_2O_2）分解为水和分子氧，从而减少 H_2O_2 对植物组织可能造成的氧化伤害。

在过氧化氢酶催化 H_2O_2 分解为水和分子氧的过程中，该酶起电子传递作用，而 H_2O_2 既是氧化剂又是还原剂。

$$2H_2O_2 \xrightarrow{\text{酶}} 2H_2O + O_2$$

根据反应过程中过氧化氢的消耗量来测定该酶的活性。过氧化氢在波长 240nm 处具有吸收峰，利用紫外分光光度计可以检测过氧化氢含量的变化。

［器材与试剂］

1. 实验仪器与用具

研钵、高速冷冻离心机、紫外分光光度计、计时器、微量移液枪、离心管、容量瓶（100ml 和 1000ml）、石英比色杯

2. 实验试剂

0.1mol/L 磷酸钠缓冲液（pH7.5）：配制方法见附录 1。

500mmol/L 磷酸钠缓冲液（pH7.5）：配制方法见附录 1。

提取缓冲液（含 5mmol/L DTT 和 5% PVP）：称取 77mg DTT、5g PVP，用 0.1mol/L 磷酸钠缓冲液（pH7.5）溶解，定容至 100ml，即得提取缓冲液，低温（4℃）储藏备用。

20mmol/L H_2O_2 溶液：用 50mmol/L 的磷酸钠缓冲液（pH7.5）稀释至 100ml，现用现配，低温避光保存。

3. 实验材料

经逆境处理的绿豆幼苗、芹菜或茶叶

［实验步骤］

1. 酶液制备

称取 5g 样品，加入 5ml 提取缓冲液，在冰浴条件下研磨成匀浆，于 4℃、1200*g* 离心 30min，收集上清液，即为酶提取液。测量提取液总体积，低温保存备用。

2. 活性测定

酶促反应体系由 2.9ml 20mmol/L H_2O_2 溶液和 100μl 酶提取液组成。以蒸馏水为参比空白，在反应 15s 时开始记录反应体系在波长 240nm 处的吸光度，作为初始值，然后每隔 30s 记录一次，连续测定，至少获取 6 个点的数据。重复 3 次。

［实验作业］

1. 记录测定的数据

重复次数	样品质量 m/g	提取液体积 V/ml	吸取样品液体积 Vs/ml	240nm 处吸光度							过氧化氢酶活性 /(0.01ΔOD_{240}/min·g)	
				OD_0	OD_1	OD_2	OD_3	OD_4	OD_5	ΔOD	计算值	平均值±标准偏差
1												
2												
3												

2. 计算结果

记录反应体系在 240nm 处的吸光度，制作 OD_{240} 值随时间变化曲线，根据曲线的初始线性部分（从时间 I 到时间 F）计算每分钟吸光度变化值 OD_{240}。

$$\Delta OD_{240}=\frac{OD_{240F}-OD_{240I}}{t_F-t_I}$$

式中，ΔOD_{240} 为每分钟反应混合物吸光度变化值；OD_{240F} 为反应混合液吸光度终止值；OD_{240I} 为反应混合液吸光度初始值；t_F 为反应终止时间（min）；t_I 为反应初始时间（min）。

以每克植物组织样品（鲜重）每分钟吸光度变化值减少 0.01 为 1 个过氧化氢酶活性单位，单位是 0.01ΔOD_{240}/（min·g）。计算公式：

$$U=\frac{\Delta OD_{240}\times V}{0.01\times V_S\times m}$$

式中，V 为样品提取液总体积（ml）；V_S为测定时所取样品提取液体积（ml）；m 为样品质量（g）。

另外，用不同浓度的 H_2O_2溶液制作标准曲线。根据吸光度值变化，参照标准曲线，通过底物 H_2O_2溶液的消耗量表示过氧化氢酶活性，即 μmol/（min·mg 蛋白质）。

［注意事项］

酶促反应中产生的气泡会影响比色结果。

［思考题］

1. 底物浓度（H_2O_2）过高会对过氧化氢酶活性的测定结果产生什么影响？
2. 本实验中酶促反应体系底物浓度或酶量能否作调整？
3. 用紫外分光光度法测定样品浓度时为什么要用石英比色杯？

［参考资料］

李忠光，龚明. 2007. 抗氧化系统在热激诱导的玉米幼苗耐热性形成中的作用. 云南植物研究，29（2）：231～236

10-4　过氧化物酶活性的测定

［实验目的］

学习测定植物组织中过氧化物酶活性的方法。

［实验原理］

过氧化物酶（peroxidase，POD）广泛存在于植物体中，该酶催化 H_2O_2氧化，以清除 H_2O_2对细胞生物功能分子的破坏作用。在有 H_2O_2存在的条件下，过氧化物酶使愈创木酚氧化，生成茶褐色物质，可用分光光度计测定 470nm 处茶褐色物质的生成量以检测 POD 活性。

$4HO—C_6H_4—OCH_3+4H_2O_2 \xrightarrow{POD}$ $\begin{matrix} O—C_6H_3(OCH_3)—C_6H_3(OCH_3)—O \\ | \qquad\qquad\qquad\qquad\qquad | \\ O—C_6H_3(OCH_3)—C_6H_3(OCH_3)—O \end{matrix}$ $+8H_2O$

邻甲氧基苯酚（愈创木酚）　　　　四邻甲氧基苯酚（茶褐色聚合物）

［器材与试剂］

1. 实验用具和仪器

电子天平、离心机、磁力搅拌器、研钵、烧杯（50ml 2 个）、移液管（1ml、3ml、5ml）、秒表

2. 实验试剂

反应混合液：100mmol/L 磷酸缓冲液（pH6.0）5ml，加入愈创木酚 28μl，于磁力搅拌器上加热溶解，待溶液冷却后，加入 30%H_2O_2 19μl 混合摇匀，保存于冰箱中实验时配制。

愈创木酚、30%H_2O_2、20mmol/L KH_2PO_4、100mmol/L 磷酸缓冲液（pH6.0）

3. 实验材料

经逆境处理的绿豆幼苗、芹菜或茶叶

［实验步骤］

1. POD 的提取

称取植物材料 1g，加入预冷的 10ml 20mmol/L KH_2PO_4，于研钵中研磨成匀浆，以4000r/min离心 15min，收集上清液，低温保存。

2. POD 活性的测定

取分光光度计比色杯 2 只（光径 1cm），在其中一只加入 3ml 反应混合液和 1ml KH_2PO_4作为对照；另一只加入 3ml 反应混合液，1ml 上述酶液，立即开启秒表计时，测定 470nm 处 OD 值，每隔 1min 读数一次。

［实验作业］

计算所测植物材料的 POD 活性，如果样品为蛋白质则表示单位为 ΔOD_{470}/（min·mg）；如果样品为植物材料，则用 ΔOD_{470}/（min·g）表示，此处 g 为鲜重。分析逆境处理的材料 POD 活性变化的原因。

［思考题］

如何理解 KH_2PO_4 在 POD 提取中的作用?

［参考文献］

高俊凤. 2006. 植物生理学实验指导. 北京：高等教育出版社

张志良，瞿伟菁. 2003. 植物生理学实验指导. 第三版. 北京：高等教育出版社：123-124

10-5　超氧化物歧化酶活性的测定

［实验目的］

学习测定超氧化物歧化酶活性的方法。

［实验原理］

超氧化物歧化酶（SOD）普遍存在于动植物与微生物体内。SOD 是含金属辅基的酶。高等植物有两种类型的 SOD：Mn-SOD 和 Cu/Zn-SOD。SOD 能够清除超氧阴离子自由基（O_2^-·），它与 CAT、POD 等酶协同作用来防御活性氧或其他过氧化物自由基对细胞膜系统的伤害，从而减少自由基对有机体的毒害。

超氧阴离子自由基（O_2^-·）是生物细胞某些生理生化反应常见的中间产物。SOD 能通过歧化反应清除生物细胞中的超氧阴离子自由基，生成 H_2O_2和 O_2。超氧化物歧化酶催化以下反应：

$$2O_2^- \cdot + 2H^+ = H_2O_2 + O_2$$

超氧自由基非常不稳定，寿命极短，一般用间接方法测定 SOD 活性。本实验依据 SOD 抑制氮蓝四唑（NBT）在光下的还原作用来确定酶活性的大小。有氧化物质存在时，核黄素可在光照条件下还原。被还原的核黄素在有氧条件下极易再氧化而产生 O_2^-·。当加入 NBT 后，在光照条件下 O_2^-·又可将 NBT 还原为蓝色的甲腙，后者在 560nm 处有最大光吸收。

当加入 SOD 时，SOD 可通过清除 O_2^-·，而抑制 NBT 的光还原反应，使蓝色甲腙生成速度减慢。于是，进行光还原反应后，反应液蓝色越深，说明酶的活性越低，反之酶的活性越高。抑制 NBT 光还原的相对百分率与酶活性在一定范围内呈正相关关系，据此可以计算出酶活性的大小。常常将抑制50%的NBT光还原反应时所需的酶量作为一个酶活性单位（U）。

［**器材与试剂**］

1. 实验仪器与用具

研钵、高速冷冻离心机、分光光度计、计时器、微量移液枪、离心管、光照箱（光照度为4000lx）、指形玻璃管、容量瓶（100ml、200ml、1000ml）

2. 实验试剂

0.1mol/L磷酸钠缓冲液（pH7.8）：配制方法见附录。

酶提取缓冲液：称取77mg DTT、5g PVP，加入0.1mol/L磷酸缓冲液（pH7.8），定容至100ml，摇匀，即得提取缓冲液（含5mmol/L DTT和5% PVP），低温（4℃）储藏备用。

50mmol/L磷酸钠缓冲液（pH7.8）：配制方法见附录。

130mmol/L L-蛋氨酸（MET）溶液：称取1.94g L-蛋氨酸，用50mmol/L磷酸缓冲液（pH7.8）溶解，定容至100ml，充分混匀（现用现配）。低温保存，可使用1～2d。

750μmol/L氮蓝四唑（NBT）溶液：称取61.3mg NBT，用蒸馏水溶解，定容至100ml，充分混匀（现用现配）。低温避光保存，可使用2～3d。

100μmol/L Na_2-EDTA溶液：称取37.2mg Na_2-EDTA，用蒸馏水溶解，定容至100ml，使用时稀释100倍。低温避光保存，可使用8～10d。

20μmol/L核黄素溶液：称取75.3mg核黄素，用蒸馏水溶解，定容至100ml，使用时稀释100倍。低温避光保存，即用黑纸将装有该液的棕色瓶包好，现用现配。

3. 实验材料

经逆境处理的绿豆幼苗、芹菜或茶叶

［**实验步骤**］

1. 酶液制备

按实验10-1方法取材，称取5g样品，置于研钵中，加入5ml提取缓冲液，在冰浴条件下研磨成匀浆。将匀浆液全部转入到离心管中，于4℃、12 000*g*离心30min，收集上清液，低温保存备用，测量提取液总体积。

2. 活性测定

用5支玻璃管进行测定。按照表10-1所列内容加入各种溶液（注意最后加入核黄素溶液）。其中3支为测定管，2支为对照管。混匀后将1支对照管置于暗处，其他各管置于4000lx日光灯下反应15min后，立即置于暗处终止反应。以避光管作为空白参比调零，分别测定560nm处其他各管的吸光度。

表10-1　测定SOD活性时各试剂加入量

试剂(酶)	用量/ml	终浓度(比色时)	试剂(酶)	用量/ml	终浓度(比色时)
50mmol/L磷酸缓冲液(pH7.8)	1.7		20μmol/L核黄素溶液	0.3	2.0μmol/L
130mmol/L MET溶液	0.3	13mmol/L	酶液	0.1	对照2支管以缓冲液代替
750μmol/L NBT溶液	0.3	75μmol/L			
100μmol/L Na_2-EDTA溶液	0.3	10μmol/L	总体积	3.0	

［实验作业］

1. 测定数据记录

重复次数	样品质量 m/g	提取液体积 V/ml	吸取样品液体积 Vs/ml	560nm 吸光度		样品中 SOD 活性/U	
				OD_C	OD_S	计算值	平均值±标准偏差
1							
2							
3							

2. 计算

显色反应后，分别记录样品管反应混合液的吸光度值（OD_S）和照光对照管反应混合液的吸光度（OD_C）。以每分钟每克植物组织（鲜重）的反应体系对氮蓝四唑（NBT）光化还原的抑制为 50%为一个 SOD 活性单位（U）表示。

$$\text{SOD 活性}=\frac{(OD_C-ODs)\times V}{0.5\times OD_C\times V_S\times t\times m}$$

式中，OD_C为照光对照管反应混合液的吸光度；ODs 为样品管反应混合液的吸光度；V 为样品提取液总体（ml）；Vs 为测定时所取样品提取液体积（ml）；t 为光照反应时间（min）；m 为样品质量（g）。

也可以每分钟反应体系对氮蓝四唑（NBT）光化还原的抑制为 50%时所需的酶量为一个 SOD 活性单位（U）。

［注意事项］

1. 通过预实验，摸索显色反应所需的时间。

2. 当测定样品数量较大时，可在临用前根据用量将表中各试剂（酶液和核黄素除外）按比例混合后一次加入 2.6ml，然后依次加入核黄素和酶液，使终浓度不变，其余各步骤与上相同。

3. 要求各管受光情况一致，所有反应管应排列在与日光灯管平行的直线上。反应温度控制在 25℃，视酶活性高低适当调整反应时间。温度较高时，光照时间应缩短；温度较低时，光照时间相应延长。

4. 所用指形管要洁净透明，透光性好。用浅底广口的小玻璃皿照光效果更好。

5. 线粒体内 SOD 酶浓度较高，因此研磨要充分。

［思考题］

1. 在 SOD 测定中为什么设照光和不照光两个对照管？

2. 影响本实验准确性的主要因素是什么？应如何克服？

10-6　还原型谷胱甘肽含量的测定

［实验目的］

了解植物组织中抗坏血酸-谷胱甘肽循环代谢过程，学习还原型谷胱甘肽含量的测定原理和方法。

[实验原理]

谷胱甘肽是由谷氨酸（Glu）、半胱氨酸（Gly）组成的天然三肽，是一种含巯基（—SH）的化合物，广泛存在于动物组织、植物组织、微生物和酵母中。谷胱甘肽能和5，5′-二硫代-双-（2-硝基苯甲酸）（5，5′-dithiobis-2-nitrobenzoic acid，DTNB）反应产生 2-硝基-5-巯基苯甲酸和谷胱甘肽二硫化物（GSSG）。2-硝基-5-巯基苯甲酸为一黄色产物，在波长 412nm 处具有最大光吸收。因此，利用分光光度计法可测定样品中谷胱甘肽的含量。

[器材与试剂]

1. 实验仪器与用具

研钵、高速冷冻离心机、微量移液枪、离心管、试管、水浴锅、容量瓶（100ml、200ml、1000ml）、分光光度计

2. 实验试剂

50g/L 三氯乙酸（TCA）溶液（含 5mmol/L Na_2-EDTA）：称取 5g 三氯乙酸，用蒸馏水溶解稀释至 100ml。再称取 186mg Na_2-EDTA · $2H_2O$，加入到 100ml 50g/L 三氯乙酸溶液中溶解。

0. 1mol/L 磷酸钠溶液缓冲液（pH7. 7）：配制方法见附录。

0. 1mol/L（pH6. 8）磷酸钠缓冲液：配制方法见附录。

4mmol/L 二硫代硝基苯甲酸（5，5′-dithiobis-2-nitrobenzoic acid，DTNB）溶液：称取 15. 8mg DTNB，用 0. 1mol/L、pH6. 8 磷酸缓冲液溶解，定容至 10ml，混匀，4℃保存。现用现配。

100μmol/L 还原型谷胱甘肽标准液：称取 3. 1mg 还原型谷胱甘肽，加入少量无水乙醇溶解，加蒸馏水定容至 100ml。

3. 实验材料

同实验 10-1。

[实验步骤]

1. 标准曲线制作

取 6 支试管，编号，按照表 10-2 加入各种试剂，混匀，25℃保温反应 10min。以 0 号管为参比调零，测定显色液在波长 412nm 处的吸光度。以吸光度为纵坐标，还原型谷胱甘肽物质的量（μmol）为横坐标，绘制标准曲线。

表 10-2 绘制还原型谷胱甘肽标准曲线的试剂量

项目	试管号					
	0	1	2	3	4	5
100μmol/L 还原型谷胱甘肽标准液/ml	0	0. 2	0. 4	0. 6	0. 8	1. 0
蒸馏水/ml	1. 0	0. 8	0. 6	0. 4	0. 2	0
0. 1mol/L pH7. 7 磷酸缓冲液/ml	1. 0	1. 0	1. 0	1. 0	1. 0	1. 0
4mmol/L DTNB 试剂/ml	0. 5	0. 5	0. 5	0. 5	0. 5	0. 5
相当于还原型谷胱甘肽物质的量/μmol	0	20	40	60	80	100

2. 提取

按实验 10-1 的方法取材后，称取 2.5g 样品置于研钵中，加入 5ml 经 4℃预冷的 50g/L 三氯乙酸溶液（含 5mmol/L Na_2-EDTA），在冰浴条件下研磨成匀浆后，于 4℃、12 000g 离心 20min。收集上清液用来测定谷胱甘肽含量，测量提取液总体积。

3. 测定

取 1 支试管，依次加入 1ml 蒸馏水、1ml 0.1mol/L 磷酸缓冲液（pH7.7）和 0.5ml 4mmol/L DTNB 溶液，混匀，即为绘制标准曲线的 0 号管液。以此溶液作为参比，在波长 412nm 处对分光光度计进行调零。

另取 2 支试管，分别加入 1ml 上清液、1ml 0.1mol/L 磷酸缓冲液（pH7.7）。向一支试管加入 0.5ml 4mmol/L DTNB 溶液，另一支试管中加入 0.5ml 0.1mol/L 磷酸缓冲液（pH6.8）。将 2 支反应管置于 25℃保温 10min。按照制作标准曲线的方法，迅速测定显色液在波长 412nm 处的吸光度，分别记作 OD_S 和 OD_C。重复 3 次。

[实验作业]

1. 记录测定的数据

重复次数	样品质量 m/g	提取液体积 V/ml	吸取样品液体积 V_S/ml	412nm 吸光度			由标准曲线查得 GSH 物质的量 n/μmol	样品中还原型 GSH 含量/(μmol/g)	
				OD_S	OD_C	OD_S-OD_C		计算值	平均值±标准偏差

2. 计算结果

显色反应后，分别记录样品管反应混合液的吸光度（OD_S）和空白对照管反应混合液的吸光度（OD_C）。根据吸光度差值，从标准曲线上查出相应的还原型谷胱甘肽量，计算还原型谷胱甘肽含量（μmol/g）。

$$\text{还原型谷胱甘肽含量（μmol/g）} = \frac{n \times V}{V_S \times m}$$

式中，n 为由标准曲线查得的溶液中还原型谷胱甘肽物质的量（μmol）；V 为样品提取液总体积（ml）；V_S 为吸取样品液体积（ml）；m 为样品质量（g）。

[注意事项]

1. 在提取样品时，需要沉淀除去蛋白质，以防止蛋白质中所含巯基及相关酶对测定结果的影响。

2. 利用本方法还可以测定样品中总谷胱甘肽（GSSG＋GSH）和氧化型谷胱甘肽（GSSG）的含量。在谷胱甘肽还原酶（GR）作用下，将 GSSG 还原成 GSH 后再进行测定和计算。

3. 建议在第一次测定时先做 2 或 3 个样品本底对照，如果样品本底对照和空白对照非常接近，则说明样品液中不存在干扰物质，可以不再检测样品本底对照。

[思考题]

1. 指出测定调零管、空白对照管和本底对照管的吸光度值的意义？

2. 反应液中 DTNB 对吸光度和测定结果有什么影响？如何确定测定过程中导致误

差的因素？

10-7　茶多酚含量的测定

［实验目的］

学习用酒石酸铁比色法测定茶多酚含量的方法，了解茶多酚在植物抗氧化活性中的作用。

［实验原理］

茶多酚是一类儿茶素类为主体的类黄酮化合物，具有 C_6—C_3—C_6 碳骨架结构，是一种重要的天然抗氧化性物质。它是超氧阴离子自由基和羟自由基的强捕获剂，能清除自由基。本实验介绍用酒石酸铁比色法测定植物组织中的茶多酚含量。

［器材与试剂］

1. 实验仪器与用具

分光光度计、离心机、研钵、水浴锅、移液管、烘箱、具塞三角瓶

2. 实验试剂

0.1mol/L 磷酸缓冲液（pH6.8）

100μg/ml 儿茶素标准溶液：称取 10mg 儿茶素，用蒸馏水定容至 100ml。

1.5％酒石酸钾铁

3. 实验材料

同实验 10-1。

［实验操作］

1. 称取 1g 样品，研磨成粉末。用 50ml 沸蒸馏水将粉末洗入三角瓶，于沸水浴中浸提 20min，过滤，滤渣用 50ml 沸蒸馏水同样提取一次，合并上清液，5000*g* 离心 15min，取上清液待测。

2. 将儿茶素标准溶液稀释成 0、20、40、60、80、100μg/ml，分别吸取 1ml，加 0.1mol/L 磷酸缓冲液 3ml，混匀，加 1.5％酒石酸钾铁 1ml，用分光光度计测定 540nm 处的 OD 值，并绘制浓度-OD 标准曲线。

3. 取样品提取液 1ml，按上述同样方法测定 540nm 处的 OD 值。

［实验作业］

根据公式，计算植物幼叶和成熟叶中茶多酚的含量，分析原因。

$$茶多酚含量（\mu g/g\ 鲜重）=C\times（提取液总体积\times体积稀释倍数）$$

式中，C 为从标准曲线查得提取液中茶多酚含量（μg/ml）。

［注意事项］

提取时间过长，所提的茶多酚会发生氧化反应，转化成其他物质，致使一部分茶多酚丢失。提取时间在 1～2h 对茶多酚含量的影响不大。

［实验扩展］

1. 可以从提取溶剂的选择以及萃取环节等方面，优化从植物组织高效率提取茶多酚含量的方法。

2. 根据茶多酚易溶于水、乙醇、乙酸乙酯等性质，本实验用溶剂萃取法从茶叶制

备茶多酚标准品，其方法是：取茶叶粉末，加 6 倍量沸水提取 30min，不断搅拌，过滤。滤液加适量三氯化铝，边搅拌边滴加 1mol/L $NaHCO_3$，以滴入 $NaHCO_3$不再出现沉淀为止。离心，收集沉淀，用 5mol/L 盐酸（1ml 浓盐酸加水 1ml）溶解，加入等体积乙酸乙酯萃取，浓缩，真空干燥，则得到近白色的茶多酚。

［思考题］

1. 分析茶多酚作为超氧阴离子自由基和羟自由基强捕获剂的原理？
2. 哪些外在条件影响茶多酚清除自由基的能力？

［参考文献］

葛宜掌，金红. 1994. 茶多酚提取新方法. 中草药，25（2）：124

模块 11　生长物质对切花保鲜的作用

【模块实验目的】

非洲菊（*Gerbera jamesonii* Bolus）又称扶郎花，是重要切花之一。它花朵硕大，花形整齐优美，花色艳丽丰富，是礼品花束、花篮和艺术插花的理想材料，深受消费者喜爱。但是，其切花保鲜寿命与观赏品质的调节仍存在亟待解决的问题。

植物生长物质调节植物的生长发育，也影响植物的成花生理和花周期。本实验将用植物生长物质苄基腺嘌呤（6-BA）处理非洲菊鲜切花，了解其对切花保鲜的作用。为了解植物激素对切花花色的影响，将介绍花色苷含量测定的方法。苯丙氨酸解氨酶在植物次生代谢过程中（包括花色素形成的有关成分的生物合成）起调节作用。本模块实验同时介绍苯丙氨酸解氨酶活性测定的方法。已知植物激素乙烯影响花器官的生长发育和观赏寿命，因此，本实验将学习测定内源乙烯含量的方法。

【流程图】

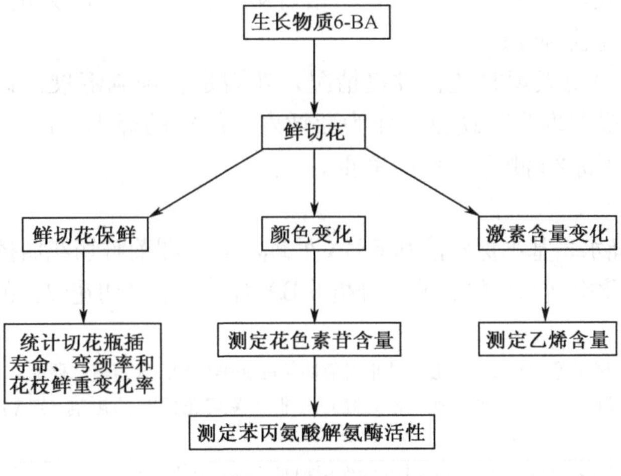

11-1　鲜切花保鲜

［实验目的］

1. 了解植物生长调节剂 6-BA 对非洲菊鲜切花保鲜的影响。

2. 掌握分析非洲菊鲜切花保鲜外观品质的方法。

［实验原理］

非洲菊是礼品花束、花篮和艺术插花的理想材料，深受消费者喜爱。非洲菊切花在水养过程中，其肉质花梗常因久插水中而发生折梗的现象，缩短了它的寿命和观赏价值。水分关系是决定切花新鲜程度的重要因素，花枝鲜重变化是反映切花水分关系的重要指标之一。6-BA 是人工合成的具有细胞分裂素活性的生长物质，调节植物许多重要生理过程，在生产上被广泛应用。本实验用 6-BA 处理非洲菊切花，通过观察和统计瓶插寿命、弯颈率和花枝鲜重变化率，了解 6-BA 对非洲菊鲜切花保鲜的影响。

[器材与试剂]

1. 实验仪器与用具

标本缸或培养容器

2. 实验试剂

基本保鲜液：20g/L 蔗糖和 200mg/L 8-羟基喹啉柠檬酸盐。

10mg/L 6-BA 处理液：称取 10mg 6-BA，用少量 90％乙醇溶解，用基本保鲜液定容至 1000ml。

3. 实验材料

非洲菊

[实验操作]

1. 取 3 个标本缸，分别加入蒸馏水（对照）、基本保鲜液和 6-BA 处理液，做好标记。

2. 选取花枝生长基本一致，花冠直径为 8～10cm，外缘 3 层舌状花完全伸展的花作为实验材料。将花茎清洗干净，用 75％乙醇消毒花茎，并在蒸馏水中用刀片将花茎斜切，取花茎长约 40cm，插入标本缸内，每瓶插 10 支花，瓶插液高为 5cm，瓶口用塑料膜覆盖，防止水分的过度蒸发。

3. 将各处理的切花置于（27±3)℃、相对湿度为 70％～85％的室内或光照培养箱内培养，每 2d 换 1 次瓶插液。

4. 从瓶插开始，每天观察花枝硬挺情况，花瓣是否饱满舒展。以最外层花瓣萎蔫、花色变淡或花茎出现“垂头”现象，作为瓶插寿命结束的标志。以处理开始时花枝的鲜重为 100％，以后每隔 2d 测定花枝的鲜重。

[实验作业]

用表格显示蒸馏水、基本保鲜液和 6-BA 处理液对非洲菊鲜切花瓶插寿命（d）、弯颈率（％）和花枝鲜重变化率（％）的影响。分析 6-BA 对非洲菊鲜切花保鲜的作用。

[参考文献]

陈丹生，李娘辉，王精明等. 2004. 氯化钙对非洲菊切花的保鲜作用. 云南植物研究，3：106～109

李芸瑛，巫燕娜，黄胜琴. 2006. 烯效唑（S-3307）对非洲菊切花保鲜的影响. 亚热带植物学报，14（4）：340～344

罗红艺，王艳，毛艳芳等. 2004. 含 B_9 和 6-BA 的保鲜剂对非洲菊切花保鲜的影响. 武汉化工学院学报，26（4）：24～26

11-2　花色素苷含量的测定

[实验目的]

花色素苷的合成是一个受激素调节的次生代谢过程。了解不同激素对花瓣色素的作用，为阐明植物激素调控生长发育与代谢的机制奠定基础。本实验以非洲菊舌状花为材料，外施 GA_3 和 ABA，观察两种激素对花瓣花色素苷积累的影响。

[实验原理]

花色素苷（anthocyanin）属于类黄酮类物质，是花色的主要决定物质，使花色发生从橘黄到紫色的变化，主要在花瓣表皮细胞的液泡中积累。除了参与植物花、种皮、果皮，茎秆等器官颜色的组成外，花色素苷还在植物整个生命活动中有十分重要的生理作用。例如，花色素苷与类黄酮一起，调节基因的表达和酶的活性；在植物受到病虫害和环境胁迫时，由花色素苷与类黄酮组成的色素屏障能够起到保护植物免受伤害的作用；在植物的抗病反应中，花色素苷还可能作为信号物质。

植物花瓣花色素苷的合成至少需要十多种结构基因和某些调节基因在不同的时空条件下激活表达，继而相互协调，使合成过程顺利进行。在合成与积累过程中，还受到外界环境因子（如光）、内部调节因子（如激素）的调控。本实验以非洲菊舌状花离体培养作为实验系统，了解植物激素 GA_3 和 ABA 对花瓣花色素苷积累的影响。

[器材与试剂]

1. 实验仪器与用具

冰箱、离心机、超净工作台、紫外分光光度计、灭菌锅、光照培养箱或培养室、各量程微量移液枪（2.5、10、200、1000μl）及吸头、离心管、试管、容量瓶、培养皿（直径 10cm）、滤纸

2. 实验试剂

1% NaClO：NaClO（有效氯≥10%）10ml，无菌水 90ml。

1%盐酸甲醇、500μmol/L GA_3 母液、500μmol/L ABA 母液、3% 蔗糖溶液、75% 乙醇

3. 实验材料

非洲菊幼嫩花序

[实验步骤]

1. 材料的获取

根据 Meng 和 Wang（2004）的分期方法，采摘 1 期至 2 期之间的花序，此时花序直径约为 1.5cm，舌状花花瓣高出盘状花 0.3～0.4cm，长度为 0.6～0.7cm。

2. 花序离体培养

(1) 用 75%乙醇将花序表面消毒 45s，再用 1%NaClO 处理 10min，无菌水冲洗 4 或 5 次，移至超净工作台已灭菌的滤纸上吸干水分。

(2) 剥去苞片，取最外轮舌状花，接种到直径 10cm 的培养皿中。培养皿底部预先垫放两层平铺的载玻片，上面铺一张直径 9cm 的圆形滤纸，每个培养皿分装 9ml 对照培养基（3%的蔗糖溶液，pH5.8)，或在培养基中分别加入 50μmol/L 的 GA_3 和 ABA，每个培养皿接种舌状花约 20 朵，每种处理至少接种 4 个培养皿。

(3) (25±1)℃、14h 光/10h 黑暗条件下培养 7d。白光光强为 $40\mu mol \cdot m^{-2} \cdot s^{-1}$。

3. 花色素苷的提取与测定

(1) 随机称取对照和 GA_3、ABA 处理组舌状花瓣 100mg，浸泡在装有 2ml 1%盐酸甲醇溶液的 10ml 试管中，移置 4℃冰箱中抽提过夜。

(2) 将浸提过夜的提取液 8000r/min 离心 2min，取上清液。

(3) 测量上述各上清液在 530nm 和 657nm 处的吸光度。

[实验作业]

利用公式 $\triangle A = A_{530} - 1/4A_{657}$，计算出激素处理的非洲菊花瓣花色素苷的相对含量，单位以 $\triangle A$/g 鲜重表示。

[注意事项]

1. 非洲菊花序的生理状态很重要，要挑选生长状态好、饱满的花序。

2. 为减少不同花序之间的误差，建议将多个花序的舌状花取下混合，再分别培养在对照与激素处理的培养皿中。

3. 操作一定要细心，取舌状花时尽量减少伤害，保证花瓣接触到培养液。

4. 在配制含有 50μmol/L GA_3 与 ABA 的培养液时，要注意蔗糖最终浓度为 3%，pH 为 5.8。

[思考题]

1. 在非洲菊舌状花离体培养中，花瓣花色素苷积累需要什么外部条件？

2. GA_3 与 ABA 对舌状花花色素苷积累的作用相同吗？为什么？

[实验扩展]

1. 其他条件相同，将对照和同样激素处理组放在黑暗条件下培养 7d，测定舌状花的花色素苷含量，与有光条件下的进行比较。

2. 其他条件相同，将对照和同样激素处理组放在有光而不含蔗糖的溶液中培养 7d，测定舌状花的花色素苷含量，与含有蔗糖条件下的花色素苷含量进行比较。

[参考文献]

王小菁，孟祥春，彭建宗. 2003. 花色形成与花生长的调控. 西北植物学报，23 (7)：1105～1110

Meng X C，Wang X J. 2004. Regulation of flower development and anthocyanin accumulation in *Gerbera hybrida*. Journal Horticulture Science Biotechnology，79 (1)：131～137

11-3　苯丙氨酸解氨酶活性的测定

[实验目的]

学习测定苯丙氨酸解氨酶活性的方法，了解该酶在非洲菊花色变化中的作用。

[实验原理]

苯丙氨酸解氨酶（phenylalanine ammonia lyase，PAL）是植物次生代谢物质合成的一个关键酶，其催化苯丙氨酸的脱氨反应，使 NH_3 释放形成反式肉桂酸。本实验根据其产物——反式肉桂酸在 290nm 处吸光度的变化可以测定该酶的活性。

[器材与试剂]

1. 实验仪器与用具

紫外分光光度计、离心机、研钵、恒温水浴锅

2. 实验试剂

20mmol/L 苯丙氨酸：用 100mmol/L pH8.8 的硼酸缓冲液配制。

5mmol/L 巯基乙醇硼酸缓冲液、0.1mol/L 硼酸缓冲液（pH8.8）

3. 实验材料

同实验 11-2。

[实验操作]

1. 称取 1g 样品，加入 pH8.8 的 5mmol/L 巯基乙醇硼酸缓冲液（含 0.1g/L PVP）5ml，冰浴条件下充分研磨，4℃，11 000r/min 离心 20min，上清液即为粗酶液。

2. 1ml 酶液加 2ml 0.1mol/L 硼酸缓冲液（pH8.8）和 1ml 0.02mol/L L-苯丙氨酸，总体积为 4ml。空白不加酶液。立即用紫外分光光度计测定 290nm 处的 OD 值。

3. 将反应液置 37℃恒温水浴保温，1h 后再测定 290nm 处的 OD 值，OD 值之差表示该酶在 1h 内反应的实际活性。

4. Folin-酚法测定蛋白质含量方法（实验 6-3）。

［实验作业］

计算不同发育阶段花序的苯丙氨酸解氨酶活性［表示单位为 U/（mg 蛋白质）］，分析原因。

［思考题］

1. 在酶粗提的制备过程中，加聚乙烯吡咯烷酮的作用？

2. 如何理解以每小时 OD 值变化 0.01 所需酶量为一个苯丙氨酸解氨酶活性单位，相当于每毫升反应混合物形成 1μg 反式肉桂酸？

3. 哪些外界条件可以诱导植物组织中苯丙氨酸解氨酶活性增加？

［参考文献］

李合生. 2001. 植物生理生化实验原理和技术. 北京：高等教育出版社：212～213

许传俊，李玲. 2006. 蝴蝶兰外植体褐变发生与总酚含量、PPO、POD 和 PAL 的关系. 园艺学报，33（3）：671～674

Engelsma G. 1974. On the mechanism of the changes in phenylalanine ammonia-lyase activity induced by ultraviolet and blue light in Gherkin hypocotyls. Plant Physiol，54（5）：702～705

11-4　乙烯含量的测定

［实验目的］

掌握气相色谱法测定植物组织内乙烯含量的原理与方法。

［实验原理］

乙烯是一种调节植物生长发育和响应逆境的气体激素，从植物组织中收集样品，就能直接采用气相色谱方法进行测定。气相色谱方法测定乙烯具有灵敏度高、稳定性好等优点。由于样品各组分在固定相（GD×502）和流动相（通常为 N_2 或 H_2）中的分配系数不同，在层析柱内向前移动的速度也不同，当待测样进入固体相后，不断通以流动相，待测物不断地再分配，按照分配系数大小顺次被分离，进入检测系统进行检测。通过出峰时间和峰面积定性和定量，即样品中与标准乙烯保留时间相同的峰，就是样品中的乙烯峰。本实验介绍外标法测定植物组织中乙烯含量。

［器材与试剂］

1. 实验仪器及用具

气相色谱仪（GC-14C）、氢火焰离子检测器、注射器、密封装置（为带有空心橡皮塞的三角瓶，如青霉素瓶、果酱瓶等）及封口透明胶

2. 实验试剂

标准乙烯、氢气、氮气和空气

3. 实验材料

非洲菊幼嫩花序或其他材料

［实验操作］

1. 收集气体样品

花序用乙烯等激素处理后，立即置于密封装置中，密封，记录时间。常温下放置 3h。

2. 仪器系统的启动

（1）打开载气（N_2）10min 以上，然后开启空气和 H_2，最后按 SYSTEM 键，系统启动并开始自检。

（2）手动设定柱温、注射室和检测室温度。

（3）温度开始上升，达到设定温度后，仪器面板 READY 灯会亮。用肥皂水检查色谱连接部分，确认是否漏气。

3. 测定乙烯系统设定

（1）设置气体流速及压力。空气，49kPa；H_2，70～80kPa；N_2，110kPa。

（2）设置温度：柱温 70℃，进样室温度为 150℃，检测器温度为 250℃。

在仪器控制面板上按 DET＃，调节量程：RNG 调为 1（数字越小越灵敏），POL 调为 2，还可以进行零点值设定，按 ZERO 键，可上下调节 ZERO 值，－2000～＋2000调节。

（3）在线工作站打开通道 1，通道 2 是不可用的。

（4）待基线稳定一段时间，仪器稳定后就可以开始测定。需要注意的是，如果是测定样品，一个样品测定完后，要隔 20～30min 才可测第二个样。

4. 乙烯标准曲线的绘制

配制一系列浓度的乙烯标准气体，重复测定 3 次以上，根据峰面积对乙烯浓度作图，得到乙烯的标准曲线。

5. 测定

用注射器穿刺橡皮塞，从密封装置中抽取待测样品 1ml，测定样品峰高和峰面积。根据标准乙烯的保留时间可以确定样品气体中乙烯峰的位置。

6. 关机

先关掉氢气，然后是空气阀；当箱体温度降至室温后，关掉氮气阀；最后关主机。

［实验作业］

计算非洲菊幼嫩花序乙烯浓度。与对照花序比较，分析激素处理的花序乙烯含量结果。

$$\text{乙烯浓度}(\mu l/L) = (\text{样品峰高} \times \text{标准乙烯体积})/\text{标准样品峰高}$$

$$\text{样品乙烯生成速率}(\mu l \cdot g^{-1} \cdot h^{-1}) = \frac{C \times (V - Vt)}{W \times t \times 1000}$$

式中，C 为由标准曲线查得的乙烯浓度（μl/L）；V 为容器体积（ml）；Vt 为样品体积（ml）；t 为密封时间（h）；W 为样品质量（g）。

［注意事项］

1. 启动仪器前，必须先打开载气（N_2）10min 以上，因为刚开始通入载气（N_2）

时，流路中有空气，如果柱温较高，则会损害色谱柱。

2. 乙烯与乙炔、乙烷难以分离，检测中用固定相（GD×502）使待测物分离效果好。

［思考题］

用气相色谱法测定植物材料中乙烯含量应注意什么?

［参考文献］

吴友根，陈金印，庞会忠等. 2003. 气相色谱法速测翠冠梨中乙烯含量. 现代化农业，3：9

Pan R C，Wang J X，Tian X S. 2002. Influence of ethylene on adventitious root formation in mung bean hypocotyl cuttings. Plant Growth Regulation，36：135～139

模块 12　调节不定根发生

【模块实验目的】

用植物生长物质（生长素类、生长延缓剂等）处理插条，可以促进插条部位细胞恢复分裂能力，诱导根原基发生，促进不定根的生长和伸长；容易生根的植物经植物生长物质处理后，不定根发生提早，成活率提高。已有大量实验结果报道，植物生长物质处理木本植物插条，移栽后成活率提高，根深苗壮。不同种类的植物生长物质对不定根发生的诱导作用不相同，表现出不同的作用机制。将多种植物生长物质混合处理插条，产生的效果显著，已在生产中广泛应用。

已知生长素在调节植物插条不定根发生中起着重要作用；而吲哚乙酸氧化酶活力的大小，直接调节植物体内吲哚乙酸的水平。本实验将了解植物生长物质对植物插条不定根发生的影响，学习测定生长素含量和吲哚乙酸氧化酶活性的方法，为认识植物生长物质在促进不定根发生过程中的作用奠定基础。

【流程图】

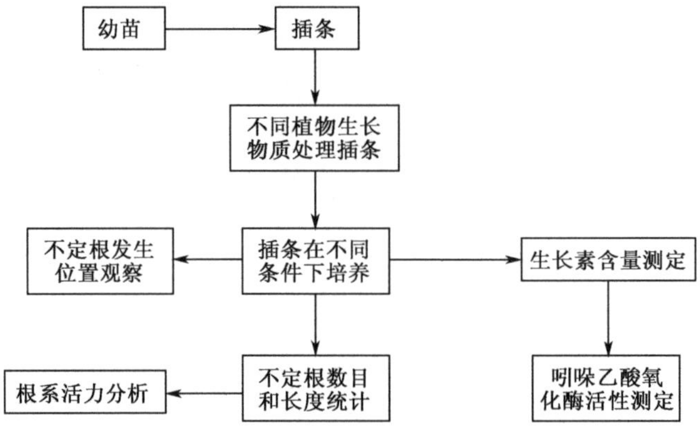

12-1　促进不定根形成

［实验目的］

1. 获取插条，并用植物生长物质处理。

2. 观察与分析不定根的发生与生长。

［实验原理］

植物细胞具有全能性特性。用植物生长物质（生长素类、生长延缓剂等）处理插条基部的细胞，可诱导该部位细胞脱分化，恢复分裂能力，促进根原基发生。在适宜的条件下，根原基形成不定根。

［器材与试剂］

1. 实验仪器与用具

电子天平、烘箱、分光光度计、100ml 烧杯

2. 实验试剂

1000mg/L 吲哚丁酸溶液：准确称取 100mg 吲哚丁酸粉剂，加 90%乙醇 0.5ml 完全溶解后，用蒸馏水定容至 100ml，冰箱保存。

100mg/L 多效唑溶液：称取 2g 5%多效唑原粉，加水反复溶解，定容至 100ml。

3. 实验材料

绿豆、黄豆、非洲蟛蜞菊、大红花、富贵竹、太阳神等植株插条

［实验步骤］

1. 准备插条

用常规方法萌发绿豆、黄豆种子，在光下培养得到 4～6cm 高的健壮幼苗，挑选生理状态相似的幼苗，见图 12-1，从子叶下 4cm 切除根部获得插条。

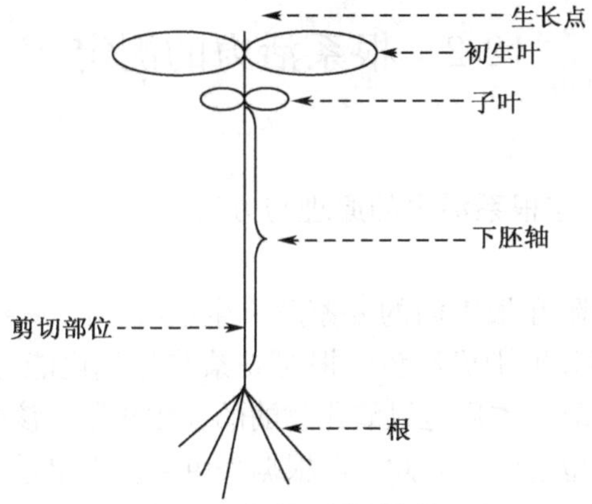

图 12-1　绿豆幼苗插条示意图

2. 处理插条

如果要研究吲哚丁酸对插条生根的影响，用 1000mg/L 吲哚丁酸溶液分别稀释至 100mg/L、200mg/L、300mg/L。取 4 个 100ml 烧杯（或矿泉水瓶等干净容器），分别加入 0（蒸馏水）、100mg/L、200mg/L、300mg/L 各 30ml，作好标记。

如果要研究多效唑对插条生根的影响，用多效唑溶液 100mg/L 分别稀释成 10mg/L、20mg/L、30mg/L。取 4 个 100ml 烧杯（或矿泉水瓶等干净容器），分别加入 0（蒸馏水）、10mg/L、20mg/L、30mg/L 各 30ml，作好标记。

记录浸泡时间。4～5h 后倒去处理液，加等体积水。

3. 插条培养

将插条置于盛有水的容器（烧杯、矿泉水瓶等）或盛有干净砂的容器，在培养箱内 25℃光照培养 7d，或放置在走廊弱光通风处（20～35℃）培养，记录温度、光照等条件。每天换水。

4. 观察结果

每天观察插条基部不定根的发生情况，记录需要的天数，培养 10d 后，统计每个插条发生不定根的数目（统计＞0.5cm 的不定根），并测定不定根长度。

［实验报告］

用表格记录不同植物生长物质处理的插条的不定根发生需要的天数，每个插条发生

不定根的数目和不定根长度，并计算生根率。

分析吲哚丁酸和多效唑对绿豆插条生根的影响。

［实验扩展］

如果取非洲蟛蜞菊、大红花等植株插条为材料，要注意插枝的生理状态。太阳神可用叶片（必须带有茎段部分）；非洲蟛蜞菊植株从茎顶端向下 10～15cm 处剪去植株地下部分，除花，保留 1 或 2 片叶片；大红花为材料，需取当年半木质化的枝条；富贵竹茎段剪成 10cm 长的插条。

［思考题］

1. 若研究生长物质对大红花、一品红、茉莉花等侧枝生根的作用，设计实验时需注意什么?

2. 要了解吲哚丁酸和多效唑混配后对植物插条不定根发生的影响，如何设计实验?

12-2　根系活力的测定

［实验目的］

学习 α-萘胺氧化法测定根系活力的原理与方法。

［实验原理］

植物的根系能氧化吸附在根表面的 α-萘胺，生成红色的 α-羟基-1-萘胺，沉淀于有强氧化力的根表面，使这部分根染成红色。根对 α-萘胺的氧化能力与其呼吸强度有密切关系。有报道认为 α-萘胺的氧化本质是过氧化物酶的催化作用。该酶的活力越强，对 α-萘胺的氧化能力就越强，染色也越深。因此，可根据染色深浅半定量地判断根系活力大小。

α-萘胺在酸性环境下与对氨基苯磺酸和亚硝酸盐作用产生红色的偶氮染料，可用于比色测定 α-萘胺含量。

［器材与试剂］

1. 实验仪器与用具

分光光度计、电子天平、烘箱、三角烧瓶、量筒、移液管、容量瓶

2. 实验试剂

α-萘胺溶液：称取 10mg α-萘胺，用 2ml 左右的 95％乙醇溶解，加水到 200ml，成为 50μg/ml 的溶液。

0.1mmol/L 磷酸缓冲液（pH7.0）：配制方法见附录。

1％对氨基苯磺酸：称取 1g 对氨基苯磺酸，用 30％乙酸溶液溶解并定容至 100ml。

亚硝酸钠溶液：称取 10mg 亚硝酸钠溶于 100ml 水中。

3. 实验材料

绿豆、黄豆或非洲蟛蜞菊插条

［实验步骤］

1. 称取根系材料 1～2g 放入三角烧瓶内；α-萘胺溶液与磷酸缓冲液各 25ml，混合。浸泡根系材料 10min。吸取 2ml，作为实验开始的始值。三角烧瓶在 25℃恒温箱中，经一定时间后，取 2ml 浸泡液测定。

2. 取另一个三角烧瓶，加入 α-萘胺溶液与磷酸缓冲液各 25ml，混合，不放材料，

作为对照，表明α-萘胺的自动氧化量。

3. 2ml待测液溶液，加10ml蒸馏水，加入1ml 1%对氨基苯磺酸和1ml亚硝酸钠溶液，室温放置5min，待混合液变成红色，再用蒸馏水定容到25ml，在20～60min内，用分光光度计测定510nm处的OD值。

4. 制作标准曲线，并从标准曲线查得样品α-萘胺浓度，从实验开始10min获得的数值减去α-萘胺自动氧化的数值。被氧化的α-萘胺的量以μg/（g·h）表示（根系烘干为干重）。

［实验作业］

计算植物生长物质对植物材料的根系活力的影响，分析结果。

12-3 生长素含量的测定

Ⅰ 固相抗原型酶联免疫法

［实验目的］

1. 学习并掌握生长素（IAA）的提取和纯化方法。

2. 学习用固相抗原型酶联免疫法测定生长素含量。

［实验原理］

酶联免疫法（ELISA）是将被分析物与其相应的抗原或抗体反应后，检测抗原或抗体上酶标记物的活性，进行定性或定量测定。常用的酶有辣根过氧化物酶和碱性磷酸酯酶。酶可直接标记激素分子，也可标记第二抗体，成为酶标二抗。这两类标记物分别用于固相抗体型和固相抗原型酶联免疫法。本实验使用固相抗体型酶联免疫法测定生长素含量。

将抗生长素甲酯的单克隆抗体与已吸附于固相载体上的兔抗鼠Ig抗体结合，加入生长素甲酯标准品或待测样品，使其与固相化的单克隆抗体结合，再加入辣根过氧化物酶标记生长素。通过测定酶标生长素的被结合量，换算出样品中未知的生长素含量。

［器材与试剂］

1. 实验仪器与用具

酶联免疫检测仪、低温离心机、恒温培养箱、旋转蒸发仪、微量进样器、研钵、真空泵、带盖瓷盘、烧杯、小试管、分液漏斗

2. 实验试剂

采用中国农业大学研制生产的酶联免疫试剂盒。

包被缓冲液：称取1.5g Na_2CO_3，2.93g $NaHCO_3$，用蒸馏水溶解，定容至1000ml，pH调至9.6。

磷酸缓冲液：称取8.0g NaCl，0.2g KH_2PO_4，2.96g $Na_2HPO_4 \cdot 12H_2O$，用蒸馏水溶解定容至1000ml，pH7.5。

样品稀释液：100ml磷酸缓冲液加0.1ml Tween-20。

底物缓冲液：称取5.1g柠檬酸，18.43g $Na_2HPO_4 \cdot 12H_2O$溶解定容至1000ml，加1ml Tween-20，调pH5.0。

洗涤液：1000ml蒸馏水中加1ml Tween-20。

终止液：2mol/L H_2SO_4。

标准 IAA 溶液：用 IAA 甲酯母液配成 1000、500、250、125、100、50、25、0ng/ml系列溶液。

邻苯二胺基质液：称取 10～20mg 邻苯二胺，溶于 10ml 底物缓冲液，在使用前加入2～4μl 30%H_2O_2，混匀。

3. 实验材料

绿豆、黄豆或非洲澎蜞菊插条等。

［实验步骤］

1. 提取生长素

称取新鲜植物插条基部材料 0.5～1g（若取样后不能马上测定，用液氮速冻后保存在－20℃冰箱），用 2ml 80%甲醇研磨至匀浆，转入试管中，再用 2ml 甲醇将研钵冲洗干净。4℃条件下提取 4h，1000r/min 离心 15min，残渣加 1ml 甲醇液，再离心 1 次，合并上清液，记录体积，将残渣弃去。

2. 生长素纯化

取 300μl 上清液转入 5ml 塑料离心管中，用旋转蒸发仪真空浓缩干燥，或用氮气吹干，用样品稀释液定容（一般 1g 鲜重用 1.5ml 左右样品稀释液定容）。

3. 生长素测定

（1）包被。取酶标板用蒸馏水冲洗数次，在 10ml 包被缓冲液中加入一定量的包被抗原（用于包被聚苯乙烯反应板的微孔），混匀，在酶标板每小孔中加 100μl。将酶标板放入内铺湿纱布的带盖瓷盘内，37℃，3h（或 4℃过夜）。

（2）洗板。将包被好的酶标板取出，室温下平衡。弃去孔内包被液，用洗涤液洗涤酶标孔 3 次，甩干。

（3）竞争。取 98μl 样品稀释液，依次加入标准 IAA 溶液和待测样液 20μl，混匀。每个浓度加 3 孔，每孔加 50μl；各孔加入 50μl 抗体，然后将酶标板放入湿盒内开始竞争，37℃温育 0.5h。

（4）洗板。将包被好的酶标板取出，室温下平衡。弃去孔内包被液，用洗涤液从标准样品的低浓度一边向高浓度一边加，酶标板向高浓度一边倾斜，立即甩干，洗涤酶标孔 3 次。

（5）加二抗。取一定量的 IAA 酶标羊抗兔抗体，加入 10ml 样品稀释液中，混匀后，在酶标板每孔加 100μl，将其放入湿盒内，37℃温育 0.5h。

（6）洗板。方法同步骤（4），洗 5 次。

（7）加底物显色。在暗处，每孔加入邻苯二胺基质液 100μl，然后放入湿盒内，显色适当后，每孔加入 50μl 终止液。

（8）比色。用标准浓度最高浓度孔调零，用酶联免疫检测仪依次测定标准物和待测样品在 490nm 处的 OD 值。以加入不含 IAA 甲酯的磷酸缓冲液孔的 OD 值为 B_0，加入 IAA 甲酯各标准溶液孔的 OD 值为 B_i。

［实验作业］

检测吲哚丁酸和多效唑处理 0d 和 3d 的插条基部生长素含量，用 Excel 将结果绘制成图。

用 logit 曲线计算酶联免疫法测定 IAA 的结果。曲线的横坐标用生长素标准样品浓度的自然对数表示，纵坐标用各浓度显色值的 logit 值表示，计算方法如下：

$$\mathrm{Logit}\ (B/B_0)\ =\frac{\mathrm{In}B/B_0}{1-B/B_0}=\frac{\mathrm{In}\ B}{B_0-B}$$

B_0是 0ng/ml 孔的显色值，B 是其他浓度的显色值。

也可以用标准的 IAA 甲酯摩尔数的常用对数 log［IAA］为横坐标（x），对应的 In［B_i/（B_0-B_i）］为纵坐标（y），得到一条直线 y=a+bx。将样品孔的 OD 代入公式，换算出甲酯摩尔数，乘以稀释倍数，除以样品重量，即为每克鲜重样品的 IAA 量。

$$\mathrm{IAA}\ 含量\ (\mathrm{ng}\cdot \mathrm{g}^{-1})\ =NV_2V_3B/V_1W$$

式中，N 为生长素浓度（ng/ml）；W 为样品鲜重（g）；B 为样品的稀释倍数；V_1为真空浓缩干燥的上清液总体积；V_2为提取样品后，上清液的总体积；V_3为真空浓缩干燥后用样品稀释液定容的体积。

［思考题］

为什么测定生长素要进行甲酯化处理?

［参考文献］

李宗霆，周燮．1996．植物激素及其免疫检测技术．南京：江苏科学技术出版社：279～288

Ⅱ　HPLC 法

［实验目的］

学习并掌握用 HPLC 法测定生长素含量。

［实验原理］

植物样品中的 IAA 溶于含水的有机溶剂，在 40℃以下减压蒸去有机溶剂后，IAA 溶于水中。IAA 是酸性化合物，在酸性条件下，可以用乙酸乙酯萃取，将乙酸乙酯减压蒸干后，用甲醇溶解残留物（含 IAA）。甲醇溶液中 IAA 和其他物质由于在液相色谱的流动相和固定相的分配系数不同，从而出峰时间不同，根据这个原理通过 HPLC 法可测定植物材料中生长素含量。

［器材与试剂］

1．实验仪器与用具

高速冷冻离心机、旋转蒸发仪、超低温冰箱、研钵、分液漏斗、烧杯、试管、纱布、Sep-Pak C18 纯化小柱、高效液相色谱仪、注射器、0．45μm 微孔滤膜、20μl 进样器

2．实验试剂

重蒸水、甲醇（色谱级）、液氮、2，6-二叔丁基对甲酚（BTH）、石英砂、聚乙烯吡咯烷酮（PVP 不溶性）、三氯甲烷、乙醚、乙酸乙酯、HCl

3．实验材料

同实验 12-1。

［实验步骤］

1．提取生长素

（1）称取材料 2g，液氮冰冻后放入超低温冰箱（－80℃）保存。用 10ml 预冷甲醇、100mg BTH、少许石英砂和 PVP，快速研磨至匀浆，4℃下浸提过夜。四层纱布

过滤，滤液转到离心管中，滤渣用5ml 80%甲醇浸提，合并滤液。

(2) 取滤液在4℃、1000r/min离心20min，取上清液，沉淀用5ml 80%甲醇洗一次，离心，合并上清液，40℃暗条件下，用旋转蒸发仪除去甲醇，得水相。用等体积的三氯甲烷萃取3次，去除色素。

2. IAA纯化

(1) 用3ml 100%甲醇洗Sep-Pak C18小柱，弃去流出液；用70%甲醇缓慢流经小柱，弃去流出液。

(2) 用5ml生长素浸提液缓慢流经小柱，收集流出液。

(3) 分别用5ml 100%和70%甲醇洗柱，弃去流出液。

(4) 用1mol/L HCl溶液将收集的生长素液调pH至2.8，加入等体积的乙酸乙酯，混匀，采用分液漏斗萃取3次，合并乙酸乙酯相，用旋转蒸发仪除去乙酸乙酯，残留物用0.5ml 100%甲醇溶解。

3. IAA含量测定

(1) HPLC测定。ODS C_{18}反相柱，洗脱液为甲醇和重蒸水，流速0.8ml/min，梯度洗脱0～4min，重蒸水为100%，第4～6min，甲醇浓度为40%；第10～13min，甲醇浓度为60%；第20～25min，甲醇浓度变为80%；第30～40min，甲醇浓度变为100%。生长素样液用0.45μm微孔滤膜过滤后，进样量为20μl，检测波长为254nm。

(2) 标准曲线的制作。用甲醇配制1、10、20、100、200和1000ng/L的IAA系列溶液，分别进样20μl，记录保留时间，以IAA的进样量为横坐标，峰面积为纵坐标做图，计算出直线方程和相关系数。根据标准曲线及回收率，计算出材料中IAA的含量。

[实验作业]

计算植物材料生长素含量，用Excel绘制图，分析结果。

[注意事项]

1. 计算回收率时，同时取1份2g材料，在甲醇提取时加入IAA 100ng，其余实验步骤同上一起操作。

回收率=[(加标样样品的IAA量－不加标样样品的IAA量)/所加标样量]×100%

2. 萃取过程中要注意分层效果，尽量不要丢失所要的成分，又要将杂质去除干净。

[思考题]

HPLC测定IAA含量的优点是什么？在测定过程中应注意什么？

[参考文献]

丁静，沈镇德等. 1979. 植物内源激素的提取分离和生物鉴定. 植物生理学通讯，2：27～29

李金昶，石晶，赵晓亮等. 1994. 高效液相法分离和测定3种植物内源激素. 分析化学，22 (8)：801～804

12-4　吲哚乙酸氧化酶活性的测定

[实验目的]

学习用比色法测定吲哚乙酸氧化酶活性。

［实验原理］

吲哚乙酸在吲哚乙酸氧化酶的作用下，被氧化破坏失去活性。吲哚乙酸氧化酶活力的大小可通过其破坏吲哚乙酸的速度表示，用比色法测定吲哚乙酸含量。

［器材与试剂］

1. 实验仪器与用具

分光光度计、离心机、恒温水浴锅、天平、研钵、试管、移液管、烧杯

2. 实验试剂

1mmol/L 2，4-二氯酚：称取 16.3mg 2，4-二氯酚，用蒸馏水溶解并定容至100ml。

1mmol/L 氯化锰：称取 19.8mg $MnCl_2 \cdot 4H_2O$，用蒸馏水溶解并定容至100ml。

1mmol/L 吲哚乙酸：称取 17.5mg IAA，用少量乙醇溶解，用蒸馏水定容至100ml。

吲哚乙酸试剂：10ml 0.5mol/L $FeCl_3$，500ml 35%过氯酸，使用前混合即可，避光保存。用时将1ml样品加入2ml试剂。

20mmol/L 磷酸缓冲液（pH6.0）

3. 实验材料

用实验12-3的插条。

［实验步骤］

1. 按照实验12-1获取下胚轴插条，或用实验12-3的插条20条。

2. 称插条基部鲜重1g，置研钵中，加5ml预冷的磷酸缓冲液研磨成匀浆，再加10ml磷酸缓冲液稀释，4000r/min离心20min，上清液为粗酶提取液。

3. 取试管2支，于一支试管中加入氯化锰1ml、2，4-二氯酚1ml、IAA 2ml、粗酶提取液1ml、磷酸缓冲液5ml，混合。另一支试管中除粗酶提取液用磷酸缓冲液代替外，其余成分相同。2支试管一起置于30℃恒温水浴中20min。

4. 吸取反应混合液2ml，加入吲哚乙酸试剂4ml，摇匀。在黑暗条件下，置于30℃恒温水浴中20min，使显色。

5. 将显色的反应液于分光光度计中测定530nm处的OD值。根据读数从标准曲线上查出相应的吲哚乙酸残留量。

6. 配制浓度从0～30μg/ml的吲哚乙酸浓度，按照上述方法，分别测定OD值，绘制标准曲线或计算直线回归方程。

［实验作业］

按照下列公式，分别计算不同处理的材料吲哚乙酸氧化酶的活力（μg IAA/g鲜重·h）。

$$\text{吲哚乙酸氧化酶}（\mu g \cdot g^{-1} \cdot h）=\frac{(C_1-C_2)\times 10}{1/V_1\times V\times W\times t/60}$$

式中，C_1为反应液中残留的酶IAA量（μg/ml）；C_2为无酶提取液中的IAA量（μg/ml）；V_1为样品制得的粗酶提取液体积（ml）；V为反应液中粗酶提取液体积（ml）；W为测试材料鲜重（g）；t为反应时间（min）；10为反应液体积（ml）。

［注意事项］

制作标准曲线时，OD值在0.2～0.6时，测量的误差最小，所以当反应液浓度测

定的 OD 值大于 0.6 且接近 1 时，需要稀释后才能进行测定。

［思考题］

反应混合液与吲哚乙酸试剂混合后，为什么要在暗条件下对 IAA 进行显色反应？

［参考文献］

黄群声. 1996. 对吲哚乙酸氧化酶测定方法中某些步骤的改进. 植物生理学通讯，32（4）：283～284

张志良. 1965. 几种生长素及合成药剂对吲哚乙酸氧化酶的影响. 植物生理学通讯，（2）：171～178

模块 13　发根农杆菌对植物的遗传转化

【模块实验目的】

发根农杆菌（*Agrobacterium rhizogenes*）是根瘤菌科（Rhizobiaceae）农杆菌属（*Agrobacterium*）一类具有侵染性的革兰氏阴性土壤杆菌，是一种天然的遗传转化体系。毛状根（hairy root）是由发根农杆菌侵染植物后，其所含的 Ri（root inducing）质粒的 T-DNA 片段在植物细胞核基因组中插入、整合并稳定表达的结果。Ri 质粒是独立于细菌染色体外的双链闭合环状的 DNA 分子，大小为 180～250kb，具有独立的遗传复制能力。与根癌农杆菌 Ti 质粒一样，Ri 质粒的结构也分为可转移的 DNA（T-DNA）区、毒性区（*Vir* 区）、复制起始区（*ori* 区）以及分解冠瘿碱的功能区等（图 13-1）；而决定毛状根形成的 4 个生根基因位点则位于 T_L-DNA 区，分别称为 *rol*A、B、C 和 D；冠瘿碱合成酶基因 *ags* 和生长素合成基因 *tms* 则位于 T_R-DNA 区。*Vir* 区编码产物负责接受外界信号，T-DNA 的加工、转移及整合等功能，但基因本身并不整合进植物基因组中表达。

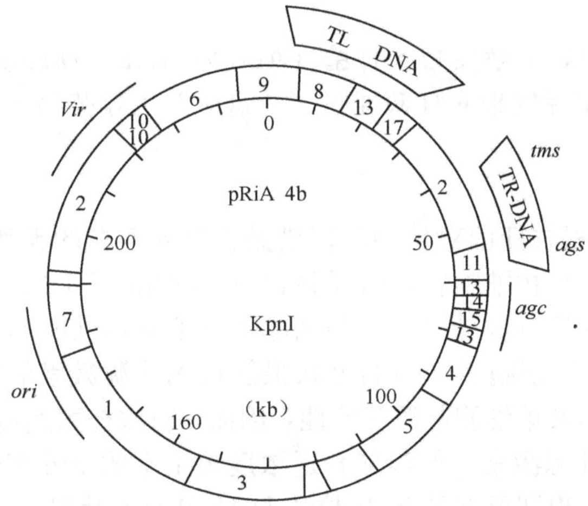

图 13-1　农杆碱型 Ri 质粒 pRiA4b 的 *Kph* Ⅰ酶切图谱

Ori：复制起始区域；T_L：T-DNA 的左臂；T_R：T-DNA 的右臂；*Vir* 区：毒性区

由于发根农杆菌遗传转化产生的毛状根具有单细胞起源，离体培养时自主生长十分迅速且不需添加外源激素，遗传特性稳定，具有比亲本植物相同甚至更高的次生物质的产生能力。目前毛状根被认为是利用生物技术来生产药用植物（尤其是以根入药的药用植物）的药用成分最有效的生物技术途径之一，已从多种药用植物的毛状根内获得生物碱类、萜类、甙类、黄酮类和蒽醌类化合物等药用有效成分。

本模块实验学习发根农杆菌感染植物的“叶盘法”，诱导产生出毛状根，通过冠瘿碱纸电泳检测和（或）*rol* 基因的 PCR 扩增等转化鉴定方法获得转化毛状根；利用紫外分光光度法和 HPLC 法，可分析测定毛状根内产生的次生物质异黄酮类化合物的含量。

【流程图】

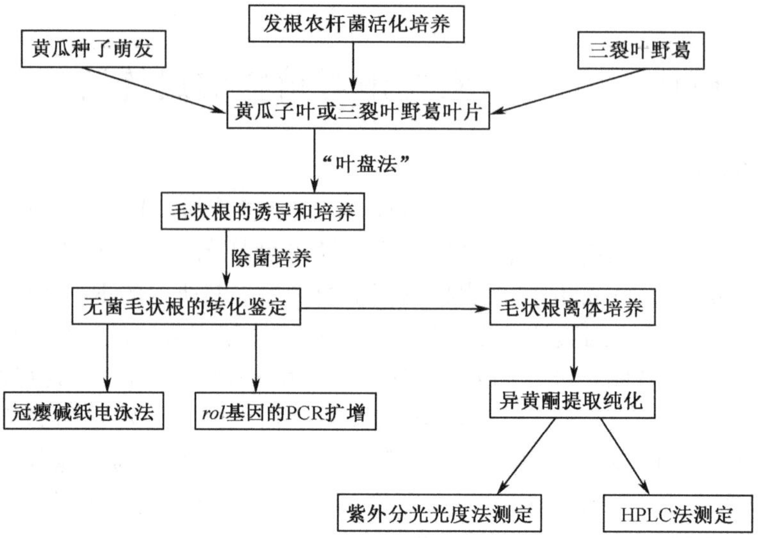

13-1　毛状根的诱导与培养

［实验目的］

以黄瓜子叶为材料，了解发根农杆菌（*Agrobacterium rhizogenes*）介导的植物遗传转化的基本原理，掌握发根农杆菌通过“叶盘法”诱导植物产生毛状根的基本操作技术。

［实验原理］

含有 Ri 质粒的发根农杆菌对植物的侵染是自然界存在的天然植物遗传转化系统。当发根农杆菌侵染受伤植物细胞后，Ri 质粒含 *rol* 基因的 T-DNA 部分被整合进入植物细胞核基因组中，表达后可诱导受伤植物细胞形成毛状根（hairy root）。由于 Ri 质粒的 T-DNA 片段转化植物细胞后产生的毛状根能在无外源激素的培养基上快速自主生长，而且具有遗传稳定及单细胞起源等特性，因而，将农杆菌遗传转化外植体细胞后所产生的不定根置于无外源激素，但添加合适浓度抗生素的培养基进行单根离体除菌培养，所获得的无菌不定根即可能是 Ri 质粒 T-DNA 转化毛状根。

［器材与试剂］

1. 实验仪器与用具

高压灭菌锅、超净工作台、分析天平、光照培养箱、恒温摇床、照相设备、酒精灯、镊子、剪刀、接种环、医用手术刀、微孔过滤器、注射器（10ml)、移液枪、无菌纸、一次性手套、记号笔、三角瓶、脱脂棉、培养皿、电炉、烧杯（500ml 和 1000ml)、玻璃棒、Eppendorf 离心管

2. 实验试剂和培养基

MS 培养基母液（配方见附录）。

1000mg 抗生素（如羧苄青霉素或头孢噻肟钠抗生素）：准确称取粉末，用无菌蒸馏水溶解，定容至浓度为 100mg/ml。

MS+500mg/L 头孢噻肟钠培养基：配制一定量（如 500ml）MS 培养基（含 0.8% 琼脂），灭菌，冷却至 50～60℃（用手握盛培养基的器具，感觉不烫手即可），按所需浓度的用量加入经过滤除菌的头孢噻肟钠，混匀，快速分装至灭菌的三角瓶中，每个三角瓶 30～40ml，用封口膜封口，备用。

YEB 固体培养基：培养基组成为牛肉浸膏 5g/L、酵母浸膏 1g/L、蛋白胨 5g/L、蔗糖 5g/L、$MgSO_4 \cdot 7H_2O$ 0.002mmol/L、琼脂 1.5%（pH7.2），按照实验 7-1 方法配制，调 pH 至 7.2，灭菌。待培养基的温度降至 50～60℃时（用手握盛培养基的器具，感觉不烫即可），按所需用量加入经过滤灭菌的抗生素，如头孢噻肟钠或羧苄青霉素溶液，混匀，趁热倒入灭菌的培养皿或试管或三角瓶中，封口，即制成含抗生素的 YEB 培养基。

其他试剂：乙醇、氯化汞等。

3. 实验材料

“津研 4 号”黄瓜种子、农杆碱型发根农杆菌菌株 R1601 或 R1000

[实验步骤]

1. 获得无菌苗

黄瓜种子用水浸泡后，在超净工作台上用 75%乙醇消毒 30s，0.1% $HgCl_2$ 消毒灭菌 20～22min，无菌水漂洗 4 或 5 次，接种于垫有用蒸馏水湿润的无菌脱脂棉的三角瓶中，25℃暗萌发 48h，然后移入 25℃的光照培养箱中，光照强度为 2000lx，每天 12h 光照培养。

2. 抗生素溶液制备

用注射器吸取抗生素溶液，置于灭菌的微孔滤膜过滤器（滤膜直径为 0.22μm）中过滤除菌，分装在无菌的 Eppendorf 管中，－20℃保存备用（若采用头孢噻肟钠或羧苄青霉素针剂，无需过滤灭菌，在超净工作台上用无菌水稀释至所需浓度后，分装于无菌的 Eppendorf 管中，－20℃保存备用）。

3. 发根农杆菌的活化培养

（1）制备 YEB+100mg/L 卡那霉素平板培养基，冷却凝固后，取储存菌液 R1601 平板培养基上划线，置于 28℃培养箱内培养 24h。

（2）用灭菌的牙签从平板培养基上挑取发根农杆菌 R1601 单菌落，接种到 20～40ml YEB 液体培养基中，28℃ 160～180r/min 振荡培养（约 24h 左右），待用。

4. 发根农杆菌感染子叶及共培养

（1）黄瓜子叶外植体的制备及其预培养

在超净工作台上，取萌发 9～10d 的黄瓜无菌苗子叶，用灭过菌的医用手术刀将子叶横切成 0.5～1cm^2的小块，并置于 MS 固体培养基上，培养 24h，可转化。也可直接切取子叶供感染菌株用。

（2）发根农杆菌侵染及共培养

将活化的农杆菌菌液倒入无菌培养皿或三角瓶中，用无菌的 MS 液体培养基对菌液进行不同倍数的稀释，将黄瓜子叶浸入菌液中，于 28℃浸泡 5～20min，取出，用无菌滤纸吸干子叶外植体表面多余的菌液，接回 MS 固体培养基中，28℃黑暗条件下进行共培养。除改用 YEB 培养基浸泡外，对照子叶外植体的培养条件与被感染的子叶外植体相同。

5. 毛状根的诱导与除菌培养

（1）毛状根的诱导

共培养 2d 后，将受感染的黄瓜子叶外植体转接入 MS＋500mg/L 头孢噻肟钠的培养基中，在 28℃，散射光 12h/d 的条件下进行除菌及毛状根的诱导。视子叶外植体在培养基中被农杆菌污染的情况，可考虑每隔 3～4d 将外植体继代转入新鲜的 MS＋500mg/L 头孢噻肟钠中进行除菌培养和毛状根诱导。约 3～5d 后即可从子叶外植体的切口下端产生出白色的不定根。

（2）毛状根的除菌培养

将不定根切下，分别接种在含 500mg/L 头孢噻肟钠的 MS 固体培养基上，25℃黑暗培养；每隔 5～7d 转接一次，经 5 或 6 次继代后，淘汰生长缓慢或停止生长的不定根，获得能自主生长的黄瓜毛状根并以此统计黄瓜子叶的毛状根诱导频率。

[实验作业]

1. 用不同稀释倍数的菌液感染子叶，观察子叶形态变化及其出根时间，在感染 1 周和 2 周后，分别统计子叶的生根率及生根频率。

2. 将子叶外植体上产生的不定根切下置于含抗生素的培养基上除菌培养后，统计毛状根的发生频率。

[注意事项]

1. 感染子叶外植体用的发根农杆菌菌液不宜太浓，也不能太稀。

2. 子叶外植体被感染后，要注意使用合适浓度的抗生素及时杀除外植体下表面的残余菌，以避免外植体因菌落污染而变黄或变褐，影响毛状根的发生。

[思考题]

1. 被发根农杆菌遗传转化产生的不定根是否都是毛状根？为什么？

2. 有哪些因素影响黄瓜子叶外植体产生毛状根？

[参考文献]

施和平，李玲，潘瑞炽. 1998. 发根农杆菌对黄瓜的遗传转化. 植物学报，40 (5):470～473

13-2　毛状根遗传转化鉴定

I　冠瘿碱纸电泳检测法

[实验目的]

掌握用冠瘿碱纸电泳检测法鉴定毛状根。

[实验原理]

根据毛状根在无外源激素的培养基上自主生长，以及纸电泳检测毛状根存在冠瘿碱，或通过 PCR 技术从毛状根基因组 DNA 中扩增出特异的 *rol* 基因条带，或通过分子杂交检测等结果对毛状根进行遗传转化鉴定。本实验介绍冠瘿碱纸电泳检测法。

发根农杆菌 Ri 质粒含有冠瘿碱合成酶基因，其只在真核生物细胞中表达。因而，当 Ri 质粒含 *rol* 基因的 T-DNA 片段在转化的植物细胞中进行整合和表达后，所产生的毛状根不仅能在无激素的培养基上自主生长，而且还能诱导合成一类正常植物细胞所不能合成的被称为冠瘿碱（opines）的特殊氨基酸衍生物——农杆碱和甘露碱等。因而，可采用高压纸电泳检测毛状根的冠瘿碱含量，达到鉴定毛状根的目的。

［器材与试剂］

1. 实验仪器与用具

电泳槽、电泳仪、超净工作台、照相设备、分析天平、台式离心机、酒精灯、镊子、剪刀、移液枪、玻璃毛细管、玻璃棒、研钵、无菌纸、一次性手套、记号笔、层析滤纸、三角瓶、脱脂棉、培养皿、烧杯（500ml 和 1000ml）、电吹风、Eppendorf 离心管

2. 实验试剂

电极缓冲液：甲酸∶乙酸∶水＝5∶15∶80，在通风橱中配制，于棕色瓶中室温保存，可反复使用。

冠瘿碱标准液：取一定量的标准农杆碱和标准甘露碱，配成浓度为 0.4mg/ml 的混合标样溶液。

染色液配制：丙酮配制的 0.2％硝酸银溶液；甲醇配制的 1％NaOH 溶液；5％硫代硫酸钠溶液。

3. 实验材料

取实验 13-1 筛选得到的无菌毛状根系置于无激素的培养基上培养 7d 后，用做遗传转化鉴定用。

［实验步骤］

1. 样品准备及点样

非转化根（黄瓜无菌苗根）和毛状根各取 0.2g，置于 1.5ml Eppendorf 管中，加 200μl 0.1mol/L HCl，用玻璃棒捣制成匀浆，然后以 10 000r/min 离心 2min，取上清液。

2. 电泳用滤纸的准备

取一张 15cm×26cm 的层析滤纸，用铅笔在距一端 6cm 处轻描出原线和点样点，点样点间隔 1.5cm。

3. 点样

用微量移液枪吸取（或用毛细玻璃管蘸取）标准冠瘿碱（农杆碱和甘露碱）混合溶液 5μl，将上述制备的毛状根和非转化根上清液各 50～100μl 分别点在层析滤纸的不同点样点上，并用电吹风将滤纸吹干，待电泳用。

4. 将滤纸非点样端放入负极侧，并先放入电泳槽中，使电极缓冲液由非点样端开始浸润，待点样品处一旦湿润，立即接通电源，开始电泳。电泳条件为 20V/cm，时间约 45min。电泳完毕后取出滤纸，用电吹风吹干。

5. 染色

将已吹干的电泳滤纸浸入丙酮配制的 0.2％硝酸银溶液中 1min，风干后，再转入到甲醇配制的 1％NaOH 溶液中浸泡 2～3min，最后转入 5％硫代硫酸钠溶液固定，并观察结果和拍照。阳性样品（发根农杆菌遗传转化产生的黄瓜毛状根）中应出现与标准

冠瘿碱——农杆碱和甘露碱样品中迁移率相同的黑色斑点。非转化黄瓜根中则没有。

［实验作业］

观察和分析毛状根提取物的冠瘿碱纸电泳结果。

［注意事项］

1. 废菌液必须经高温杀灭方可倒掉。

2. 电泳时，要正确连接正负电极。

Ⅱ　毛状根 *rol* 基因的 PCR 检测法

［实验目的］

学习与掌握毛状根 *rol* 基因的 PCR 检测方法。

［实验原理］

Ri 质粒的含 *rol* 基因的 T-DNA 片段，在转化的植物细胞中进行整合和表达后形成毛状根。因此，通过 PCR 技术从毛状根基因组 DNA 中扩增出特异的 *rol* 基因条带，可作为毛状根遗传转化的鉴定方法。

［器材与试剂］

1. 实验仪器与用具

高压灭菌锅、超净工作台、分析天平、光照培养箱、台式离心机、恒温摇床、液氮罐、PCR 热循环仪、紫外透射仪、照相设备或凝胶成像仪等

酒精灯、镊子、剪刀、接种环、医用手术刀、移液枪、研钵、无菌纸、一次性手套、记号笔、层析滤纸、三角瓶、脱脂棉、培养皿、电炉、烧杯（500ml 和 1000ml）、Eppendorf 离心管

2. 实验试剂

DNA 提取所需试剂：CTAB、重蒸酚、氯仿、异丙醇、RNase A 酶液（10μg/ml）、TE 缓冲液、NaAc（3mol/L）、无水乙醇等。

PCR 引物及试剂盒：内含 *rol*B、*rol*C 引物、*Taq* 酶、10×PCR 扩增缓冲液、1 kb DNA Marker 等。

*rol*B 引物：P1：5′-GCTCTTGCAGTGCTAGATTT-3′；
　　　　　P2：5′-GAAGGTGAAGCTCCTCTC-3′；
*rol*C 引物：P1：5′-CTCCTGACATCAAACTCGTC-3′；
　　　　　P2：5′-TGCTTCGAGTTATGGGTACA-3′；
*Vir*C 引物：P1：5′-GGCTTCGCCAACCAATTTGGAGAT-3′；
　　　　　P2：5′-TTTTGCTCCTTCAAGGGAGGTGCC-3′。

其他试剂：70％乙醇、氯化汞、溴酚蓝、琼脂糖、溴化乙锭（致癌物戴手套操作）等。

3. 实验材料

取实验 13-1 筛选得到的无菌毛状根系，置于无激素的培养基上培养 7d，用作遗传转化鉴定用。

［实验步骤］

1. 植物总 DNA 提取

（1）取0.1～0.5g黄瓜子叶或黄瓜毛状根于液氮中研磨成粉，转入预冷的Eppendorf管中，立即加入等体积65℃预热的2×CTAB提取缓冲液（配方见附录），在65℃水浴中提取30min（CTAB溶液在15℃下会出现沉淀，不可在低温下操作）。

（2）加入等体积氯仿/异戊醇（24∶1），缓慢地反复颠倒Eppendorf管、混匀，室温下，12 000r/min离心10～20min。

（3）将上清液转入灭菌的Eppendorf管中，加入2/3体积、－20℃预冷异丙醇，放置30min，沉淀DNA。4℃，8000r/min离心5～10min，弃上清液，将离心管倒置在吸水纸上，吸干上清液，DNA沉淀用75%乙醇漂洗20min，吹干，将DNA溶解于适量的TE缓冲液（配方见附录）中。

（4）加入1μl RNase A酶液（10μg/ml），37℃水浴中温育30min。

（5）加入等体积酚/氯仿混匀，室温放置10min。4℃，8000r/min离心5min。

（6）将上清液移入新的离心管中，重复上述操作。

（7）将上清液移入新的Eppendorf管中，加入等体积的氯仿/异戊醇，缓慢反复颠倒混匀，室温放置几分钟后，10 000r/min离心5min。

（8）将上清液转入新Eppendorf管中，加入1/10体积（pH6.8）3mol/L NaAc和2倍体积的无水乙醇，小心混匀，室温放置数分钟。

（9）10 000r/min离心5～10min，用80%乙醇洗涤沉淀2或3次，吹干，溶解于20μl TE缓冲液中备用。

2. 农杆菌Ri质粒的提取

（1）取单菌落接种到5ml培养液中，26℃培养过夜。

（2）取2ml菌液置于8ml离心管中，室温、5000r/min离心10min，弃上清液。

（3）加入0.5ml溶菌酶溶液，涡旋振荡均匀，冰浴中放置30min。

（4）加入1ml的LS裂解液（配方和配制方法见附录），快速颠倒离心管10次，混合均匀，室温下放置10min，得清亮黏稠的裂解液。

（5）加入0.5ml的TS溶液（配方和配制方法见附录），快速颠倒离心管数次，冰浴中放置1h，有絮状沉淀。4℃、12 000r/min离心5min，弃上清液。

（6）将上清液移至另一离心管中，加入2ml －20℃预冷的无水乙醇，混匀后在冰浴中放置30min，10 000r/min离心10min，弃上清液。

（7）加入0.1ml TES溶液（配方和配制方法见附录），轻弹离心管壁，使沉淀溶解；再加入0.1ml氯仿，颠倒离心管数次，10 000r/min离心3min。

（8）吸取上清液，加入2倍体积的预冷的无水乙醇，沉淀质粒DNA。

（9）10 000r/min离心5min，轻轻倒出上清液，离心管口向下，用无菌滤纸吸去管壁液体。

（10）加入1ml 70%乙醇漂洗沉淀，快速吹干。溶解于适量的TE溶液（配方见附录）或无菌的ddH_2O中，于－20℃保存备用。

3. PCR扩增

（1）PCR反应混合物的配制：在0.5ml无菌的Eppendorf管中，分别加入1～2μl毛状根总DNA、对照（黄瓜非转化根）DNA（0.05～0.5μg）和Ri质粒DNA（0.01～0.1μg）作为扩增模板，并设置两个空白对照（分别为不添加DNA和不添加引物），依次向管中加入下列试剂：

DNA 模板	1μl
10×*Taq* 缓冲液	5μl
4 种 dNTP（各 5mmol/L）	1μl
引物 1（100pmol/L）	1μl
引物 2（100pmol/L）	1μl
Taq DNA 聚合酶（约 2U）	1μl
ddH_2O	40μl
总体积	50μl

涡旋混匀后放入 PCR 仪中。

（2）PCR 扩增：*rol* 基因的 PCR 扩增条件为：94℃预变性 5min，然后进行 30 个循环，每个循环包括 94℃变性 1min、55℃复性 1min 和 72℃延伸 2min，最后 72℃延伸 10min，并于 4℃保存。而 *virC* 基因的扩增条件为：94℃起始热变性 5min，30 个循环，每个循环包括 94℃变性 45s、55℃复性 45s 和 72℃延伸反应 2min ，最后 72℃延伸 7min。

（3）PCR 扩增产物的琼脂糖凝胶电泳分析：先制备含溴化乙锭的 0.8%的琼脂糖凝胶，待凝胶冷却后，分别取各样品的 PCR 扩增产物 5～10μl 点样，电泳，并点以 1kb 的标准 DNA marker，50～100V 电泳 1～2h，将凝胶置于紫外透射仪下观察电泳结果并拍照。

［实验作业］

观察和分析毛状根基因组 DNA PCR 扩增产物的琼脂糖凝胶电泳结果。

［注意事项］

毛状根的转化鉴定可根据各实验室的具体条件进行选择。

［思考题］

1. 对能在无外源激素的培养基上快速自主生长但冠瘿碱检测呈阴性或 *rolB* 基因 PCR 扩增呈阴性的毛状根，如何进行进一步转化鉴定？

2. 为什么用 *rol*B 基因 PCR 扩增法鉴定毛状根时，需同时采用 *virC* 引物进行毛状根 DNA 模板的 PCR 扩增？

［参考文献］

施和平，李玲，潘瑞炽. 1998. 发根农杆菌对黄瓜的遗传转化. 植物学报，40（5）：470～473

施和平，齐莹，张悦等. 2006. 黄瓜毛状根的诱导及细胞分裂素 6-BA 对其生长和形态的影响. 生物工程学报，22（3）：514～520

13-3　异黄酮含量的测定

Ⅰ　紫外分光光度法

［实验目的］

1. 熟悉异黄酮类化合物的一般分离制备方法。

2. 掌握紫外分光光度法测定异黄酮类化合物含量的方法。

[实验原理]

发根农杆菌 Ri 质粒含 *rol* 基因的 T-DNA 部分被整合进入植物细胞核基因组中表达后，具有与亲本植株相当或更高的稳定的次生代谢产物合成能力。因而，可利用能自主生长的毛状根来生产药用植物的次生物质。

通常把两个苯基通过三碳链相连而形成的具有 C_6—C_3—C_6 碳骨架结构的一类物质统称为类黄酮化合物，包括黄酮类、黄酮醇类、黄烷酮类、花色素苷类等，这类化合物广泛存在于植物各器官中，且大都以糖苷的形式存在。而黄酮 C2 上的苯基转移到 C3 的化合物称为异黄酮，多数也形成糖苷，主要分布于被子植物的豆科、蔷薇科和鸢尾科。它们的生理活性显著，如豆科植物野葛的根中异黄酮类化合物的含量可达 10%～14%，主要为大豆素、大豆苷、葛根素和大豆素-4′，7-二葡萄糖苷，其中葛根素具有扩张冠状动脉、增加冠状动脉流量、降低心肌耗氧量、缓解心绞痛、抗心律失常、增强机体免疫力、生津止渴等多种作用。根据黄酮类化合物的结构与性质，可采用溶剂法、碱溶酸沉法、吸附法和超临界流体萃取法进行提取；但通常采用溶剂法。在提取过程中，为防止植物自身的酸性引起糖苷水解，可加入少许碳酸钙。此外，在提取时可根据化合物的性质来选择溶剂，其中醇类溶剂适用于糖苷类及含有多个羟基的化合物，但如果化合物的甲基化程度高或非糖苷型，则用乙醚提取较合适。

测定黄酮类化合物和异黄酮类化合物的方法有比色法、吸收法、层析法和高效液相色谱（HPLC）法。本实验以发根农杆菌遗传转化三裂叶野葛获得的毛状根为材料，通过紫外分光光度法测定毛状根中异黄酮类化合物的含量。

[器材与试剂]

1. 实验仪器与用具

紫外可见分光光度计、烘箱、分析天平、水浴锅、台式离心机、紫外检测器、超净工作台、光照培养箱、恒温摇床、PCR 热循环仪、超声波发生器、水平凝胶电泳仪、消毒灭菌锅、凝胶扫描仪及照相设备等

镊子、剪刀、接种环、医用手术刀、移液枪、分液漏斗、无菌过滤器、酒精灯、索氏提取器、长波紫外灯、Eppendorf 离心管、醇不溶性微孔过滤膜（0.22μm）、注射器(10ml)、一次性手套、记号笔、无菌纸、三角瓶、脱脂棉、培养皿、电炉、烧杯、玻璃棒、牛皮纸等

2. 实验试剂

MS 培养基母液（配方和配法见附录）。

葛根素标准溶液：准确称取 5mg 葛根素，置于 25ml 容量瓶中，加 95%乙醇溶解，定容至刻度。

抗生素母液：头孢噻肟钠（医用针剂 0.5 或 1g/瓶，使用前用无菌水溶解至所需浓度）。

YEB 培养基所需试剂：琼脂、蔗糖、牛肉浸膏、酵母浸膏、蛋白胨、$MgSO_4 \cdot 7H_2O$。

异黄酮含量测定所需试剂：葛根素（标准品）、甲醇（色谱纯级）、重蒸水、乙酸乙酯（分析纯）。

其他试剂：乙醇、氯化汞、溴酚蓝、乙酰丁香酮、溴化乙锭（EB）（致癌物，请戴手套操作）、琼脂糖、琼脂。

3. 实验材料

三裂叶野葛种子及其萌发 9～10d 的无菌苗，农杆碱型发根农杆菌菌株 ATCC15834

［实验步骤］

1. 毛状根的诱导和培养

操作同实验 13-1。

2. 取无菌毛状根，按实验 13-2 的方法进行遗传转化鉴定。取转化鉴定呈阳性的毛状根，置于不含任何激素的 MS 固体或液体培养基中培养一周后，取出毛状根，并用蒸馏水洗掉多余培养基。吸干水分，称重，置于 60℃的恒温箱中烘干至恒重，进行异黄酮的提取及其含量测定。

3. 用葛根素标准溶液吸取 0.2、0.4、0.6、0.8、1.0ml，分别置 10ml 容量瓶中，加 95%乙醇至 10ml，摇匀。同时以 95 %乙醇作空白对照，在 250nm 处测定吸收度，以葛根素浓度为横坐标，吸光度值为纵坐标绘制标准曲线，其曲线的回归方程为 $y=0.0861x+0.0324$，相关系数 r=0.9994。

4. 将烘干的毛状根研磨成粉末，准确称取 0.1g，置于试管中，加入 10ml 95%乙醇，超声波萃取 30min，过滤，滤渣按上述方法再抽提一次，合并滤液并定容到 25ml。

5. 取样品提取液 1ml 用 95%乙醇稀释 20 倍，于 250nm 处测定 OD 值，并依上述葛根素标准曲线，计算各样品中总异黄酮含量。

［实验作业］

分析比较不同三裂叶野葛毛状根系的总异黄酮含量。

［思考题］

为什么不同三裂叶野葛毛状根系间的总异黄酮含量会存在明显差异？

Ⅱ 高效液相色谱（HPLC）法

［实验目的］

掌握用 HPLC 法测定毛状根的异黄酮类化合物含量。

［实验原理］

HPLC 法是由已知量的纯被测物标样推算混合物中被测物质量的相对定量方法。其定量依据是：被测组分的量与响应值（峰高或峰面积）成正比，并由已知量的标样可求得定量校正因子，即单位响应值（峰面积）所代表的被测组分的量，然后测定未知组分的响应值，通过定量校正因子即可求得被测物的含量。

［器材与试剂］

1. 实验仪器与用具

分析天平、水浴锅、台式离心机、高效液相色谱仪（HPLC）、紫外检测器、移液枪、分液漏斗、研钵、无菌过滤器、索氏提取器、Eppendorf 离心管、（醇不溶性）微孔过滤膜（0.22μm）、一次性手套、记号笔、无菌纸、三角瓶、烧杯

2. 实验试剂

葛根素（标准品）、甲醇（色谱纯级）、重蒸水、乙酸乙酯（分析纯）

3. 实验材料

三裂叶野葛种子及其萌发 9～10d 的无菌苗，菌株 ATCC15834

[实验步骤]

1. HPLC 测定条件

色谱条件为：BeckmanSystem Gold 高效液相色谱仪（125 型 Solvent Modμle 泵和 168 型 System Gold Model 紫外检测器），大连 Elite Hypersil BDS C18 色谱柱（Φ5μm，4.6mm×250mm），柱温 25℃，柱压 212～218kPSI，流动相为甲醇：水＝42：58，流速为 1ml/min，进样量为 20μl，检测波长为 250nm。

2. 标准曲线的绘制

精密称取葛根素标准品适量，用甲醇溶解并稀释成 0.5mg/ml 的对照品储备液。用甲醇稀释调配成系列梯度对照品溶液。分别进样 10μl，用高效液相色谱仪测定一系列标准浓度的葛根素溶液的峰面积积分值，并以对照品溶液浓度（mg/L）为横坐标，峰面积为纵坐标制作标准曲线，即得到葛根素的线性回归方程：

$$y = 1663.7x + 1.6648 \quad r = 0.9969$$

葛根素在 5～50mg/L 范围内呈良好线性关系。

3. 样品液的制备和测定

将烘干至恒重的毛状根研磨过筛，准确称取干粉 1g，置索氏提取器中用 80％甲醇 100ml 提取 2h，过滤，减压蒸发去除甲醇；用乙酸乙酯与水萃取 3 次，合并乙酸乙酯部分减压蒸干，以甲醇定容置至 2ml。用醇不溶性微孔过滤膜（0.22μm）过滤，滤液用于 HPLC 分析，每次进样 20μl。

[实验作业]

1. 计算三裂叶野葛毛状根样品的总异黄酮含量。

2. 比较 HPLC 法和紫外分光光度法测定结果的差异。

[注意事项]

1. 为防堵塞色谱柱，所有色谱用试剂及待测量用样品液都需经微孔滤膜过滤。

2. 毛状根样品用 80％甲醇提取 2h 后，提取液中含有较多的糖类成分，直接进样会严重污染色谱柱。可先将提取液减压蒸去甲醇，用乙酸乙酯萃取 3 次，以去除大部分糖类成分。合并乙酸乙酯部分减压蒸干后，以重蒸甲醇定容至 2ml，再用醇不溶性微孔过滤膜（0.22μm）过滤，方可供 HPLC 分析测定用。

[参考文献]

施和平，梁朋，Kintzios S. 2003. 三裂叶野葛毛状根的培养及其葛根素的产生. 实验生物学报，36（6）：407～413

模块 14　目的基因表达

【模块实验目的】

植物生长发育是基因在一定时间、空间上顺序表达的过程。研究目的基因在植物不同组织、不同器官及不同环境条件下的差异表达特征，可为基因的功能确定提供重要的信息。Northern 印迹、RT-PCR、实时定量 PCR（real time PCR）及芯片杂交都是检测目的基因表达的常用方法。本模块将通过拟南芥总 RNA 提取、纯度与含量的测定，以及 *FT* 基因的 RT-PCR 检测实验，使学生熟悉并了解检测植物目的基因表达的实验过程。可以结合其他植物生长发育过程，自行设计并检测某个生长发育过程中目的基因的表达。

【流程图】

拟南芥种子
↓
拟南芥幼苗
↓
不同组织器官（如茎、叶、花、角果）
↓
总 RNA 提取
↓
RNA 纯度与含量测定
↓
RT-PCR

14-1　总 RNA 提取

[实验目的]

掌握用异硫氰酸胍试剂从拟南芥中提取 RNA 的基本方法。

[实验原理]

从植物组织中提取 RNA 是检测基因表达的第一步，获得纯度高、完整性好的 RNA 是顺利进行基因表达检测实验的关键所在。

RNA 是一类极易降解的分子，存在于细胞质及细胞核中。要得到完整的 RNA 必须最大限度地抑制提取过程中内源性及外源性 RNA 酶对 RNA 的降解作用。高浓度强变性剂异硫氰酸胍可溶解蛋白质，迅速破坏细胞结构，使 RNA 从细胞中释放出来，同时核蛋白亦从 RNA 分子中解离下来。高浓度异硫氰酸胍和 β-巯基乙醇还具有使细胞内的各种 RNA 酶失活的作用。细胞裂解后，存在于裂解溶液中的 RNA、核 DNA、蛋白质和细胞碎片，通过酚、氯仿等有机溶剂处理、离心，使 RNA 与其他细胞组分分离，达到纯化目的。

由于 RNA 酶能将 RNA 降解，所以在实验过程中，需要注意 RNA 酶的污染。焦碳酸二乙酯（DEPC）是常用的 RNA 酶抑制剂，通过与 RNA 酶的活性基团——组氨酸的咪唑环结合使蛋白质变性，从而抑制 RNA 酶活性。

［器材与试剂］

1. 实验仪器与用具

低温高速离心机、涡旋振荡器、冷冻干燥仪、超净台、电泳仪及电泳槽、核酸测定仪、比色杯、PCR 仪、紫外透射仪、摇床、各量程微量移液枪（2.5、10、200、1000μl）及吸头、各种体积的离心管、研钵及钵棒、玻璃棉、针头等

2. 实验试剂

0.05%DEPC-H_2O：ddH_2O 1000ml 加 500μl DEPC，过夜后高压灭菌。

变性储存液：在含 293ml ddH_2O 的大烧杯中，加入 17.6ml 0.75mol/L 柠檬酸（pH7.0）、26.4ml 10%十二烷基肌氨酸钠、250g 异硫氰酸胍，加热至 60～65℃，持续搅拌至溶解。室温下可保存 3 个月。

工作液：在每 150ml 变性储存液中加入 0.36ml β-巯基乙醇即配成工作液。室温下可保存 1 个月。

2mol/L 乙酸钠（pH4.0）：16.42g 乙酸钠加入 40ml DEPC-H_2O 中，再加 35ml 冰乙酸，加水至 100ml，高压灭菌。

10%十二烷基肌氨酸钠：10g 十二烷基肌氨酸钠溶解后，加 DEPC-H_2O 至 100ml。

0.75mol/L 柠檬酸三钠（pH7.0）：柠檬酸钠 22.06g，加 DEPC-H_2O 至 100ml。

氯仿：异戊醇：49ml 氯仿加 1ml 异戊醇。

70%乙醇：70ml 无水乙醇与 30ml DEPC-H_2O 混合。

水饱和苯酚、异丙醇、液氮

3. 实验材料

拟南芥

［实验步骤］

1. 材料的获取

挑选生长旺盛、长势一致、已抽苔开花并带有部分荚果的拟南芥，用小剪刀和小镊子快速剪取莲座叶、茎生叶、茎、幼嫩荚果及未开放的花各 0.5～1g，用锡箔纸包好投入液氮中冷冻。取材过程中动作要迅速，取材时间要短，尽量避免取材过程中 RNA 降解。

2. 总 RNA 提取

(1) 在 10ml 离心管中加 3ml 变性液，置于冰上预冷。

(2) 将 0.5～1g 材料在液氮中迅速研磨成细粉末（速冻 2 或 3 次），转移至预冷的离心管中。

(3) 依次加入 0.3ml 2mol/L 乙酸钠（pH4.0）、3ml 水饱和苯酚、0.6ml 氯仿：异戊醇，涡旋振荡器上剧烈振荡 15s，置冰上 15min。

(4) 4℃、13 000r/min 离心 25min。取上清液于新离心管（切勿干扰或吸到中间的

蛋白质层)，加入 1/2 体积水饱和苯酚和 1/2 体积的氯仿/异戊醇，混匀。

(5) 4℃、13 000r/min 离心 25min。取上清液于新离心管中，加等体积的异丙醇，－20°C 放置 30～40min。

(6) 4℃、9000r/min 离心 8min。弃上清，倒置沉淀空干，加 0.5ml 变性液，置于摇床上，于冰中溶解 0.5～1h。

(7) 溶解后，4℃、9000r/min 离心 2min，取上清加入等体积异丙醇，－20°C 放置 30min。

(8) 4℃、9000r/min 离心 10min，弃上清，70%乙醇洗 3 次（第一次加 0.7ml 70%乙醇，用移液器吸打使之悬浮，9000r/min 离心 8min，去上清；第二、三次加乙醇轻摇后即倒去)。

(9) 在室温下超净台中，风干沉淀（15～20min)，加 50μl DEPC-H_2O 溶解。

[实验作业]

分析总 RNA 提取过程中各步骤的目的。

[注意事项]

1. 尽可能在实验室专门开辟 RNA 操作区，离心机、微量移液枪、试剂等均应专用，保持清洁，并定期进行灭菌。

2. 操作过程中应始终戴一次性塑料手套和口罩，并经常更换，以防止手、臂上的细菌和真菌以及人体自身分泌的 RNA 酶带入各种容器内或污染用具。注意避免使用共用器具，如滤纸、吸头、离心管等，以防交叉污染。

3. 所有研钵等器皿均应在使用前于 250℃的高温下烘烤 6h 或更长时间。塑料器皿可用 0.05% DEPC 水浸泡或用氯仿冲洗。无法用 DEPC 处理的用具可用氯仿擦拭若干次，这样通常可以消除 RNA 酶的活性。

4. 配制溶液用的乙醇、异丙醇等应采用未开封的新瓶装试剂。

5. 尽可能使用 0.05% DEPC 水配制溶液，在 37℃处理 12h 以上。然后用高压灭菌除去残留的 DEPC。不能高压灭菌的试剂，应当用 DEPC 处理过的无菌双蒸水配制，然后经 0.22μm 滤膜过滤除菌。

总 RNA 的提取也可用 Invitrogen 公司的 TRIzol 试剂，步骤按照说明书进行。商业化试剂的使用简单、快速，但成本较高。

[思考题]

1. 总 RNA 提取过程中，有哪些步骤可能导致 RNA 的降解？实验操作中应该怎样避免？

2. 实验中使用的变性液主要起什么作用？

[参考文献]

J. 萨姆布鲁克，D. W. 拉塞尔. 2002. 分子克隆实验指南. 第三版. 黄培堂等译. 北京：科学出版社：518～525

14-2 总 RNA 质量的检测及定量

[实验目的]

学习和掌握检测 RNA 质量的方法。

[实验原理]

提取总 RNA 后，为了确保 RNA 是未降解的且没有蛋白质及盐类等物质的污染，需要对其纯度与含量进行检测，这是后续实验中基因表达定量分析的前提。RNA 的纯度和含量通过紫外分光光度计确定，而完整性则可通过琼脂糖变性胶电泳分析来检测。

定量测定 RNA 时，应选 260nm、230nm、280nm 波长读数。其中 260nm 读数用来估算样品中 RNA 浓度，1 个 OD_{260}值相当于 40μg/ml RNA。OD_{260}/OD_{280}的比值用于估计 RNA 的纯度；OD_{260}/OD_{230}估计去盐的程度。对于 RNA 纯制品，其 OD_{260}/OD_{280}、OD_{260}/OD_{230}应大于 2。如果 $OD_{260}/OD_{280}<2$，可能是蛋白质污染，实验中可以增加酚抽提；如果 $OD_{260}/OD_{230}<2$，则说明去盐不充分，可以将 RNA 再次沉淀并用 70%乙醇洗涤。

完整 RNA 的甲醛变性电泳可明显地观察到 28S、18S 和 5.8S 三条带，并且 28S 大约是 18S 的两倍宽。若三条带不明显，则说明 RNA 部分降解，可能是污染了 RNA 酶，或操作剧烈所致。

[器材与试剂]

1. 实验仪器与用具

同实验 14-1。

2. 实验试剂

0.05% DEPC-H_2O：配制方法同 14-1。

100mmol/L 乙酸钠：无水乙酸钠（NaAc）4.1g，DEPC-H_2O 溶解后定容至 500ml，高压灭菌。

10mol/L NaOH：NaOH 80g，用 160ml ddH_2O 溶解后定容至 200ml。

0.5mol/L EDTA（pH8.0）：Na_2-EDTA 18.6g，用 70ml DEPC-H_2O 溶解后，再用 10mol/L NaOH 约 5ml 调 pH 至 8.0，定容至 100ml。

10×MOPS 凝胶电泳缓冲液：用 500ml 100mmol/L 乙酸钠和 300ml DEPC-H_2O 溶解 41.8g MOPS，调 pH 到 7.0，加入 20ml 经 DEPC 处理的 0.5mol/L EDTA（pH8.0），加水定容至 1000ml。高压灭菌，保存于 4℃。

10×RNA 加样缓冲液：500μl 甘油，480μl DEPC-H_2O，20μl 0.5mol/L EDTA（pH8.0），2.5mg 溴酚蓝，总体积为 1ml。

溴化乙锭：储存浓度为 10mg/ml，工作浓度为 0.5μg/ml。

琼脂糖、37%甲醛

3. 实验材料

拟南芥

[实验步骤]

1. 紫外吸收检测法测定 RNA 纯度和浓度

（1）打开核酸测定仪，设定各种参数。

（2）以 50μl DEPC-H_2O 为空白对照调零。

（3）取样品 1μl，加入 49μl DEPC-H_2O，混匀。

(4) 在核酸定量检测仪上测 260nm、280nm 和 230nm 处的吸收值。

2. 甲醛变性琼脂糖凝胶电泳法检测 RNA 完整性

(1) 将制胶用具用 70%乙醇冲洗一遍，晾干备用。

(2) 将 2ml 10×MOPS 缓冲液和 18ml DEPC-H_2O 水混合，加入 0.24g 琼脂糖，在微波炉中完全溶解。待冷却至 65℃时，加入 0.36ml 37%甲醛、1μl EB 混合均匀后，倒入胶板（注意避免产生气泡），待其凝固。

(3) 样品制备：取 DEPC 处理过的 100μl 小离心管，依次加入总 RNA 样品(2μl)、DEPC-H_2O (7μl)、10×RNA 电泳加样缓冲液 1μl，离心混匀，于 65℃变性15min，冰上冷却 2min。

(4) 将制备好的凝胶放入电泳槽中（上样孔一侧靠近阴极），加入 1×凝胶电泳缓冲液，液面高出胶面 1～2mm，小心拔出梳子使样品孔保持完好。接通电泳仪电源，100V 预电泳 30min。

(5) 上样：用微量移液枪将制备好的样品加入加样孔。

(6) 电泳：盖上电泳槽，接通电源，样品端接负极，调节电压至 5～7V/cm (45V,约 30mA)，电泳 1～1.5h，溴酚蓝至胶的 2/3 距离时停止电泳。在紫外灯下检测结果。

(7) RNA 样品质量分析：完整的总 RNA 样品应呈现出三条条带，分别为 28S rRNA、18S rRNA、5.8S rRNA。其中 28S rRNA 条带的亮度应约为 18S rRNA 条带亮度的 2 倍，这表明 RNA 样品比较完整，基本无降解；如果两条带的亮度反过来，则说明 RNA 样品已发生降解；如果在点样槽内或附近有荧光区带，则表明 RNA 样品中 DNA 污染比较严重。植物总 RNA 中 28S rRNA 及 18S rRNA 在变性胶上的迁移率相当于分子质量 5.1kb 及 2.0kb RNA 的迁移率，以此可作为分子质量的参考。

[实验作业]

1. 计算待测样品 RNA 的浓度和产量。

2. 计算 RNA 样品 OD_{260}/OD_{280} 和 OD_{260}/OD_{230} 的比值，分析 RNA 样品的纯度。

[思考题]

1. 提取的 RNA 应该怎样检测其完整性并对其定量，依据的原理是什么？

2. RNA 加样缓冲液在电泳过程中起什么作用？

14-3 RT-PCR 检测基因的表达

[实验目的]

掌握用 RT-PCR 法检测目的基因在植物组织的表达。

[实验原理]

RT-PCR 能够简单、快速地检测目的基因在植物不同生长时期、不同组织中的表达丰度，从而为研究目的基因的功能提供重要依据。RT-PCR 将以 RNA 为模板的 cDNA 合成同 PCR 结合在一起，提供了一种分析基因表达的快速灵敏的方法。RT-PCR 用于对基因的表达信息进行检测或定量。RT-PCR 比其他（Northern 印迹、原位杂交等）

RNA 分析技术更灵敏，更易于操作。

RT-PCR 的模板一般为总 RNA。反转录反应可以使用反转录酶，以随机引物、oligo（dT）或基因特异性的引物起始。RT-PCR 可以一步法或两步法的方式进行。在两步法 RT-PCR 中，每一步都在最佳条件下进行。cDNA 的合成首先在反转录缓冲液中进行，然后取出 1/10 的反应产物进行 PCR。在一步法 RT-PCR 中，反转录和 PCR 在同时为反转录和 PCR 优化的条件下，在一只管中顺次进行。

为了检测目的基因在不同组织中的表达，在进行 RT-PCR 时需要设置内参。所谓内参就是选用在植物生长各个时期及不同组织中组成型表达并具有稳定表达量的基因，也称持家基因，如 *actin*。

［器材与试剂］

1. 实验仪器与用具

同实验 14-1。

2. 实验试剂

10μmol/L oligo（dT）$_{18}$、10mmol/L dNTP、AMV-RT 反转录酶、5×反转录缓冲液、10×PCR 缓冲液、RNA 酶抑制剂、*Taq* 聚合酶（5U/μl）、10μmol/L *FT* 基因片段的上下游引物、10μmol/L 内参 *actin* 基因引物、琼脂糖。

5×TBE 电泳缓冲液：Tris-HCl 54g，Na_2-EDTA · $2H_2O$ 3.72g，硼酸 27.5g，向烧杯中加入 800ml 去离子水，充分搅拌溶解，定容至 1L，室温保存，使用浓度为 0.5×TBE。

溴化乙锭：储存浓度为 10mg/ml，工作浓度为 0.5μg/ml。

PCR 反应扩增目的基因 *FT* 片段及内参对照基因 *actin* 片段的引物序列：

FT 基因上游引物：5′-TAGTAAGCAGAGTTGTTGGAGACG-3′

FT 基因下游引物：5′-TCTCATTGCCAAAGGTTGTTCC-3′

actin 基因上游引物：5′-GTATGTGGCTATTCAGGCTGT-3′

actin 基因下游引物：5′CTGGCGGTGCTTCTTCTCTG-3′

扩增产物长度：*FT* 基因片段为 285bp，*actin* 基因片段为 750bp（引物设计方法及拟南芥基因查找方法见附）。

3. 实验材料

拟南芥

［实验步骤］

1. 反转录

（1）在冰浴离心管里面加入模板 RNA 500ng～1μg，引物 oligo（dT）1μl，加没有 RNA 酶的去离子水至 13μl，混匀，离心 3～5s。

（2）70℃ 5min，冰浴 30s。

（3）加入 5×反转录缓冲液 4μl，RNA 酶抑制剂 1μl，dNTP 1μl，混匀。

（4）37℃水浴 5min，加入 1 μl AMV-RT 反转录酶，混匀。

（5）37℃水浴 1h。

（6）70℃ 10min 结束反应，产物置冰上进行下一步 PCR 实验，剩余产物于－20℃保存。

2. PCR 反应

（1）每个 100μl 离心管中加入反转录产物 2μl 作为 PCR 反应的模板。

（2）每管加入 10×PCR 缓冲液 2.5μl，基因片段、内参的上下游引物 1μl，dNTP 1μl，*Taq* 酶 0.25μl。

（3）每管加无菌去离子水 18.25μl 至总体积 25μl。

（4）按照以下程序进行 PCR 反应：

94℃	3min	
94℃	30s	30 个循环
55℃	30s	
72℃	1min	
72℃	10min	
4℃	保存	

（5）1.5％琼脂糖凝胶的配制：称取 300mg 琼脂糖，加入 20ml 0.5×TBE 电泳缓冲液，微波炉中加热使完全溶解，待冷却至 50～60℃时，加入 1μl EB 混合均匀后，倒入胶板（注意避免产生气泡），待其凝固。

（6）取 15μl PCR 产物进行电泳检测。

（7）分析目的基因在不同组织器官中的表达丰度：电泳后，用凝胶成像系统拍照，保存图片后利用凝胶图像分析软件（如 GeneTools、BandScan 等）对不同组织器官的目的基因电泳条带和持家基因条带进行量化处理得到两者的相对含量数值 a 和 b，然后比较各组织中 a/b 的比值，比值越大说明目的基因的表达含量越高（具体使用方法可参考以上软件操作说明）。

［实验作业］

1. 绘制电泳示意图，比较 *FT* 基因在拟南芥不同组织中的表达丰度。
2. 分析可能影响检测结果准确性的因素及原因。

［注意事项］

1. 做 RT 前必须检测 RNA 浓度，反转录体系对 RNA 用量有一定要求，常用 500ng或 1μg RNA。
2. 配制反转录所用试剂的水要除去 RNA 酶，PCR 所用试剂的配制要保证无菌。
3. 反转录或 PCR 反应中，加样品和试剂时保证微量移液枪使用的同一性，即尽量保证每次取的量一致。
4. 反转录反应也可在 PCR 仪中进行。
5. PCR 反应的复性温度根据所用引物来设定。

［实验扩展］

结合春化作用对拟南芥开花影响的实验，可自行设计引物检测春化作用处理后拟南芥中开花相关基因，如 *FLC*、*SOC*1 以及 *LFY* 等与对照拟南芥（未经春化处理，培育相同天数）中这些基因的表达变化，探讨春化作用影响植物开花的分子机制。

［思考题］

1. 有哪些方法可以减少加样时的误差？
2. 反转录过程中的两个 70℃的作用一样吗？如果不一样，各起什么作用？

3. 在进行 RT-PCR 过程中一定要设内参吗？为什么？

［参考文献］

F. 奥斯伯，R. 布伦特，R. E. 金斯顿等. 1998. 精编分子生物学实验指南. 颜子颖，王海林译. 北京：科学出版社：141～146

J. 萨姆布鲁克，D. W. 拉塞尔. 2002. 分子克隆实验指南. 第三版. 黄培堂等译. 北京：科学出版社

彭秀玲，袁汉英，谢毅等. 1998. 基因工程实验技术. 长沙：湖南科学技术出版社：170～173

附　引物设计的原则

首先，引物要跟模板紧密结合；其次，引物与引物之间不能有稳定的二聚体或发夹结构存在；再次，引物不能在别的非目的位点引起 DNA 聚合反应（即错配）。围绕这几条基本原则，设计引物需要考虑诸多因素，如引物长度、引物序列 T_m 值（melting temperature）、ΔG 值（internal stability）、引物二聚体及发夹结构、引物 GC 含量及引物专一性，有时还要对引物进行修饰，如增加限制酶酶切切点、引进突变等。

引物设计一般需要遵循以下要点：

1. 引物的长度一般为 15～30bp，常用的是 18～27bp，但不能大于 38，因为过长会导致其延伸温度大于 72℃，即 *Taq* 酶反应的最适温度。

2. 引物 3′端的序列要比 5′端重要。引物 3′端的碱基一般不用 A（3′端碱基序列最好是 G、C、CG、GC），因为 A 在错误引发位点的引发效率相对比较高，但是 3′端的连续 GGG 或 CCC 也会导致错误引发。另外，引物间 3′端的互补、二聚体或发夹结构也可能导致 PCR 反应失败。5′端序列对 PCR 影响不大，因此常用来引进修饰位点或标记物。

3. 引物的 GC 含量一般为 40%～60%，以 45%～55%为宜，过高或过低都不利于引发反应。有一些模板本身的 GC 含量偏低或偏高，导致引物的 GC 含量不能在上述范围内，这时应尽量使上下游引物的 GC 含量以及 T_m 值保持接近（上下游引物的 GC 含量不能相差太大），以便于复性温度的选择。

4. 应尽量避免引物出现二聚体及发夹结构，如果实在不能避免，则应保证二聚体及发夹结构的 ΔG 值（自由能）不要超过 4.5kcal/mol，否则容易产生引物二聚体条带，而且会降低引物浓度从而导致 PCR 正常反应不能进行。二聚体形成的能值越高越稳定，越不符合要求。与二聚体相同，发夹结构的能值越低越好。发夹环在 5′端对反应就没有多大影响，但是如果 3′端有发夹环则会引发引物内部的延伸反应，减少了参与正式反应引物的数量。

5. 以公式（4×G/C ＋ 2×A/T－5）计算 T_m 值，即复性温度。G/C、A/T 表示个数。尽量保证上、下游引物的 T_m 值相匹配，且在 60～75℃；选择两条引物中较低的 T_m 值 $T_{m低}$ 为实际复性温度，如果扩增效果不够好，则可调整复性温度，一般调整范围为［$T_{m低}$－5℃，$T_{m低}$］。

6. 引物的特异性：要放大单个的、专一性 DNA 片段，选用的引物序列就应当是唯一的，即在模板中没有同源重复序列。因此引物设计好以后，一般需要在 NCBI（http://www.ncbi.nlm.nih.gov/）数据库中分别对上、下游引物进行 BLAST 搜索，以

保证其唯一性。

推荐引物设计软件：Primer Premier 5.0

拟南芥基因序列查找：在 NCBI（http://www.ncbi.nlm.nih.gov/）数据库及专一的拟南芥数据库 TAIR（www.arabidopsis.org）中可以搜索得到目的基因的基因组序列，以及相应的编码序列（CDS，coding sequence）。

模块 15　实验材料选取与样品提取

在植物生理实验中，除了测定形态指标及生理指标等外，还要根据实验内容从植物组织中提取各种成分进行分析，如蛋白质、酶、核酸、色素物质、酚类物质、类黄酮及其他各种次生代谢产物。选取恰当的实验材料并对样品进行恰当处理，是保证实验达到预期结果的关键因素之一。

Ⅰ　实验材料选取

实验分析的准确性在很大程度上取决于材料的选用是否具有广泛的代表性。如果取样方法不科学，没有充分考虑取样方法的合理性和样品的代表性，即使分析结果准确无误，也不可能得出正确的结论。为了使样品具有代表性，取样时必须遵循随机性和均匀性的原则。在取样时不掺进取样操作者个人的选择意图等，完全凭偶然性机会来决定被取的个体，这种取样方法称作随机取样。由于材料个体差异导致的误差会影响实验结果的准确性，因此要考虑样品的均匀性，取材时可在不同的植株上各取一些，剪碎后混匀再称取适量的样品。下面介绍几种样品取样方法。

1. 随机取样

在实验区中选择有代表性的取样点，取样点的数目视实验田面积大小而定。选好点后，随机在每一个取样点上采取一定数量的样株。

2. 对角线取样

在实验区中可按对角线选定 5 个取样点，然后在每个点上随机取一定数量的样株。

3. 混合取样法

一般对颗粒状（如种子等）或已碾磨成粉状的样品可采取混合取样法。具体做法如下：将供采取样品的材料在光滑的纸上铺成均匀一层，按照对角线划分为 4 等份。取对角的两份为进一步取样的材料，而将其余的对角两份淘汰。再把已取中的两份样品充分混合后重复上述方法取样。反复操作，每次均淘汰 50%的样品，直至所有样品达到所要求的数量为止。

4. 按比例取样法

对生长不均等的作物、果品等材料取样时，应将原始样品按不同类型的比例选取平均样品。例如，胡萝卜、马铃薯等根、块茎材料选取平均样品时，应按大、中、小不同类型样品的比例取样，然后再将每一单个样品纵切剖开，每个切取 1/4、1/8、1/16，混在一起组成平均样品。

在采取桃、梨、苹果、柑橘等果实的平均样品时，即使是从同一株果树上取样，也应考虑到果枝在树冠上的各个不同方位和部位，以及果实体积的大中小和成熟度上的差异，按各相关的比例取样混合成平均样品。

另外，在提取、制备生物大分子物质时，首先要选择适当的植物部位，如果没有特殊要求，应选择较易破碎的组织，以使细胞内物质容易释放和提取出来。此外，在选择材料时应考虑到其他因素的影响，如酚类、糖类、果胶和有机酸都会影响到蛋白质和酶的提取及活性；叶绿素在提取液中的存在也会干挠比色的结果。一般，植物的浅色和较嫩的部位及黄化苗含酚类和有机物较少。

Ⅱ 样品的提取

提取是指将经过破碎或预处理的细胞置于溶剂中，使被分离的物质充分地释放到溶剂中，并尽可能保持原来的天然状态而不丢失生物活性的过程。这一过程是将目的产物与细胞中其他化合物和生物物质分离开来，由固相转入液相，或从细胞内的生理状况转入外界特定的溶液中。

影响提取的因素主要有：目的产物在提取溶剂中溶解度的大小，由固相扩散到液相的难易程度，溶剂的 pH 及提取时间等。一种物质在某一溶剂中溶解度的大小与该物质的分子结构及使用溶剂的理化性质有关。一般来说，极性物质（亲水性的）易溶于极性溶剂，非极性物质（亲脂性的）易溶于非极性的有机溶剂中；碱性物质易溶于酸性溶剂，酸性物质易溶于碱性溶剂；温度升高，溶解度加大；远离等电点的 pH，溶解度增加。提取时所选择的条件应有利于目的产物溶解度数的增加和保持其生物活性。

对于色素、植物激素、氨基酸、可溶性糖、有机酸等小分子物质的提取，首要是选择适当性质的溶剂。例如，叶绿素可以用体积分数为 95%的乙醇或质量分数为 80%的丙酮溶液提取；脱落酸、赤霉素可用丙酮、甲醇溶液提取；可溶性糖可用蒸馏水提取；维生素 C 可用质量分数为 2%的草酸溶液提取。两性物质氨基酸在等电点以外的任何 pH 溶液中都是呈解离态，一般可用质量分数为 10%的乙酸提取。为使待测组分更快更充分地从其他细胞组分中分离出来，可以采用电炉加热、煮沸、恒温水浴保温、剧烈搅拌或振荡等方法，使待测组分最大限度地存在于提取液中，再经过离心或过滤除去残渣，即可得到较理想的粗提取液。

对于蛋白质和酶的提取一般以水溶液为主，在稀盐溶液和缓冲液中，可以通过少量离子的作用，减少蛋白质分子极性基团之间的静电引力，加强蛋白质与提取液之间的相互作用，从而提高其稳定性和溶解性，因此，稀盐溶液和缓冲液是提取蛋白质和酶常用的试剂。提取液的用量一般为组织的 1～5 倍，用量大些有利于提高得率，但工作量大。用水溶液提取生物大分子应注意的几个主要影响因素如下。

1. 盐浓度（或离子强度）

离子强度对蛋白质的溶解度有极大的影响。绝大多数蛋白质和酶在低离子强度的溶液中都有较大的溶解度，例如，在纯水中加入少量中性盐，蛋白质的溶解度比在纯水中时极大地增加，称为盐溶现象。但中性盐增加至一定浓度时，蛋白质的溶解度又逐渐下降，直至沉淀析出，称为“盐析”现象。盐溶现象的产生主要是少量离子的活动减少了偶极分子之间极性基团的静电吸引力，增加了溶质和溶剂分子间相互作用力的结果。所以，低盐溶液常用于大多数生化物质的提取，通常使用 0.005～0.02mol/L 缓冲液或 0.09～0.15mol/L NaCl 溶液提取蛋白质和酶。不同的蛋白质极性大小不同，为了提高提取效率，有时需要降低或提高溶剂的极性。增加离子强度［如加入 KCl、NaCl、NH_4Cl 或 $(NH_4)_2SO_4$］可增加溶液的极性；而向水溶液中加入蔗糖或甘油可使其极性降低。

2. pH

蛋白质、酶及核酸的溶解度和稳定性与 pH 有关。过酸、过碱均应尽量避免，一般控制 pH 在 6～8。提取溶剂的 pH 应在蛋白质和酶的稳定范围内，通常选择偏离等电点的两侧。碱性蛋白质选在偏酸一侧，酸性蛋白质选在偏碱的一侧，以增加蛋白质的溶解度，提高提取效果。例如，胰蛋白酶为碱性蛋白质，常用稀酸提取；而胃蛋白酶、果胶酶属酸性蛋白酶，则常用稀碱来提取。

3. 温度

为防止变性和降解，制备具有活性的蛋白质和酶，提取时一般在 0～4℃低温操作。但少数对温度耐受力强的蛋白质和酶，可提高温度使杂蛋白变性以利于提取和下一步的纯化。

4. 防止蛋白酶或核酸酶的降解作用

在提取蛋白质、酶和核酸时常常受自身存在的蛋白酶或核酸酶的降解作用而导致实验的失败。为防止这一现象的发生，常常采用加入抑制剂或调节提取液的 pH、离子强度或极性等方法使这些水解酶失活性，防止它们对欲提纯的蛋白质、酶及核酸的降解作用。

5. 搅拌与氧化

搅拌能促使被提取物的溶解，一般采用温和搅拌为宜，速度太快容易产生泡沫，增大与空气的接触面，引起酶等物质的变性失活。一般蛋白质都含有相当数量的巯基，有些巯基常常是活性部位的必需基团，若提取液中有氧化剂或与空气中的氧气接触过多，会使巯基氧化为分子内或分子间的二硫键，导致酶活性的丧失。在提取液中加入少量β-巯基乙醇或半胱氨酸可以防止巯基氧化。

6. 降低酚类物质的影响

植物组织中往往含有大量的酚类物质，它影响蛋白质的提取和酶活性的测定。在提取过程中为了尽量减少酚类物质造成的影响，一般使用较高 pH 的缓冲液作为酶提取液。在较高 pH 时，酚类物质大部分呈解离态而不与蛋白质形成强的氢键。但是，较高 pH 能促进酚类物质的氧化，同时降低酚类物质吸附剂如聚乙烯吡咯烷酮（polyvinyl pyrrolidone，PVP）的有效性。因此，通常采用的提取液 pH 为 6.0～7.2，PVP 能与游离酚的羟基形成较强的氢键复合物，是酚类化合物的有效结合剂。在提取线粒体酶时加入可溶性 PVP，提取可溶性酶则加入不溶性交联聚乙烯吡咯烷酮（polyvinylpolypyrrolidone，PVPP），能有效降低提取液中酚类物质的含量。PVPP 含有微量金属元素及 PVP 单体，可加盐酸煮沸 10min，用 NaOH 中和，再用水洗几次，直至中性。纯化后的 PVPP 不必干燥就可直接使用。

提取时可加入酚类结合剂 PVP 或 PVPP、金属螯合剂 EDTA 或其钠盐等，以及含—SH化合物以保护蛋白质，如β-巯基乙醇和二硫苏糖醇；或加入非离子型去垢剂，如 TritonX-100 以增加蛋白质的溶解度。在具体操作时，应通过试验以确定提取蛋白质的最佳条件。

对于核酸的提取常采用盐溶法，即根据 DNA 核蛋白易溶于高盐溶液，难溶于低盐溶液，而 RNA 核蛋白则易溶于低盐溶液这一原理进行提取。对 RNA 和 DNA 的分离也可根据 RNA 易被碱解，DNA 易被酸解的性质进行。在提取植物组织中的 DNA 时，研磨组织过程中常加入液氮来改善匀浆效果，缩短匀浆时间和抑制DNA酶活性。

［参考文献］

曹建康，姜微波，赵玉梅. 2007. 果蔬采后生理生化实验指导. 北京：中国轻工业出版社

郝再彬，苍晶，徐仲等. 2004. 植物生理实验. 哈尔滨：哈尔滨工业大学出版社

欧阳平凯，胡永红. 2004. 生物分离原理及技术，北京：化学工业出版社

汪家政，范明. 2002. 蛋白质技术手册. 北京：科学出版社

张尤凯. 1993. 农业生物应用统计方法. 广州：广东高等教育出版社

模块 16　实验数据统计处理

统计学是应用概率论和数理统计的基本原理和方法，对研究资料或信息进行收集、整理、分析及表述的一门学科。它能分析并判断事物的内在规律，已成为科研工作中不可缺少的分析和解决问题的重要工具。本模块介绍利用 Excel 软件，对植物生理实验数据进行分析和统计。

Ⅰ　算术平均值

算术平均值抹掉了个体特征值之间的差异，反映整体特征的典型水平，可以作为整体的代表值。算术平均值可以消除偶然因素所形成的差异，揭示客观规律，在数理统计中占有重要地位。但算术平均值容易受极端值的影响，其数值本身对于生物数据的统计意义不大，在此不做详细介绍。

算术平均值的计算公式为：

$$\bar{x}=\frac{1}{n}\sum_{i=1}^{n}x_i \quad (n\text{ 为样本数})$$

Ⅱ　平　均　差

平均差指的是所有数值与数列平均数之差的绝对值的算术平均数。平均差越小，各数据向算术平均数越靠拢；反之，则越分道扬镳。平均差的含义简明，易于理解，也容易计算，但不便于做进一步的数学处理，在应用上受到一定的限制。

平均差的计算公式为：

$$x_{ad}=\frac{1}{n}\sum_{i=1}^{n}|x_i-\bar{x}| \quad (n\text{ 为样本数})$$

Ⅲ　标　准　差

标准差是生物数据统计中经常用到的函数。方差是离差平方后的结果，与原来数据的计量单位不一致，意义很不明确。为了使所得到的结果与原来的计量单位一致，需要将方差开方，这就是标准差。标准偏差反映相对于平均值的离散程度。

［应用实例］

测定某植物在上午 11：00 时的光合速率，测了 2 次，每次有 6 个重复，分析所得数据的标准差。

1. 数据输入：

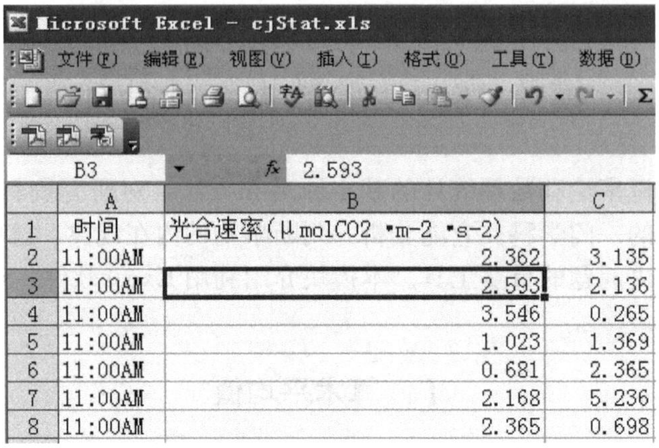

	A	B	C
1	时间	光合速率(μmolCO2 •m-2 •s-2)	
2	11:00AM	2.362	3.135
3	11:00AM	2.593	2.136
4	11:00AM	3.546	0.265
5	11:00AM	1.023	1.369
6	11:00AM	0.681	2.365
7	11:00AM	2.168	5.236
8	11:00AM	2.365	0.698

2. 函数调用：

点击插入，在下拉菜单中选择函数，在类别为统计的函数中选择 STDEV。

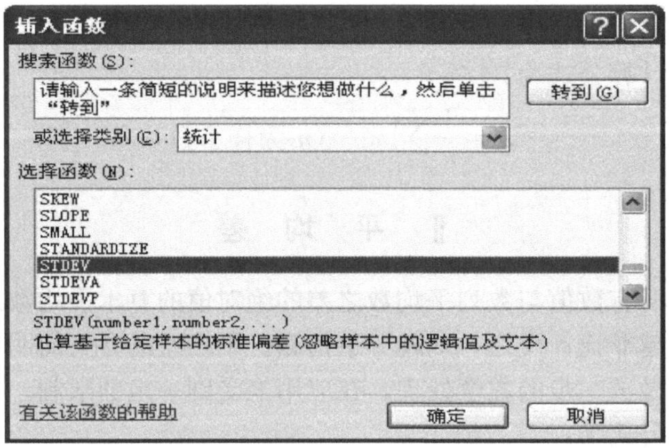

3. 分别选择数据区域，计算出标准差。

第一组数据的标准差比第二组数据要小，说明第一组数据的重复性更好。

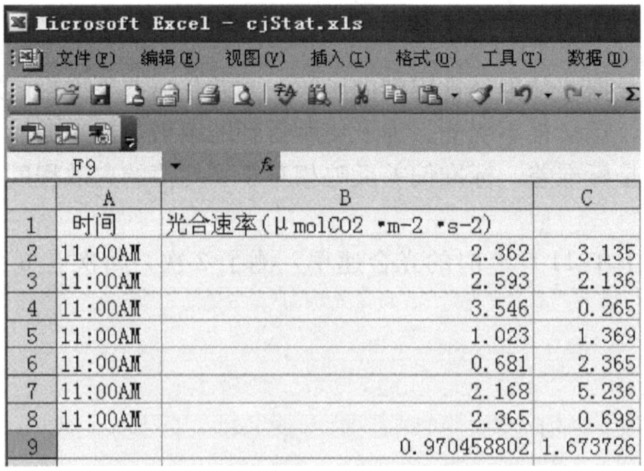

	A	B	C
1	时间	光合速率(μmolCO2 •m-2 •s-2)	
2	11:00AM	2.362	3.135
3	11:00AM	2.593	2.136
4	11:00AM	3.546	0.265
5	11:00AM	1.023	1.369
6	11:00AM	0.681	2.365
7	11:00AM	2.168	5.236
8	11:00AM	2.365	0.698
9		0.970458802	1.673726

Ⅳ t 检验

t 检验是用于小样本（样本容量小于 30）的两个平均值差异程度的检验方法。它是用 T 分布理论来推断差异发生的概率，从而判定两个平均数的差异是否显著，结果通常以 P 值表示。

P 值小于 0.05，表示差异有统计学意义，是结果真实程度（能够代表总体）的一种估计方法。专业上，P 值为结果可信程度的一个递减指标，P 值越大，我们越不能认为样本中变量的关联是总体中各变量关联的可靠指标。P 值是将观察结果认为有效，即具有总体代表性的概率。例如，$P=0.05$ 提示样本中变量关联有 5%的可能是由于偶然性造成的。在许多研究领域，0.05 的 P 值通常被认为是可接受错误的边界水平。结果 $0.05 \geqslant P > 0.01$ 被认为是具有统计学意义，而 $0.01 \geqslant P \geqslant 0.001$ 被认为具有高度统计学意义。

［应用实例］

假设用三种不同激素处理绿豆下胚轴（用等量水处理，作为对照），培养 6d 后测量生根数量，得到以下数据（表 16-1），对每一种激素处理的数据进行 t 检验。

表 16-1　三种激素对绿豆下轴生根的影响

CK	激素 1	激素 2	激素 3
10	15	12	17
15	11	10	16
14	15	11	17
12	15	17	12
8	16	5	15
7	19	8	16
5	14	9	18
10	12	6	14
13	10	11	17
11	13	9	13

1. 首先在 EXCEL 表格中输入数据。

	A	B	C	D
1	CK	激素1	激素2	激素3
2	10	15	13	17
3	15	11	11	11
4	14	15	12	10
5	12	15	17	12
6	8	16	10	14
7	7	19	8	16
8	5	14	9	18
9	10	12	15	11
10	13	10	14	10
11	11	13	12	13

2. 函数调用

按插入→函数，打开粘贴函数对话框。在函数分类框中选取统计，再在函数名框中选取 TTEST 函数。

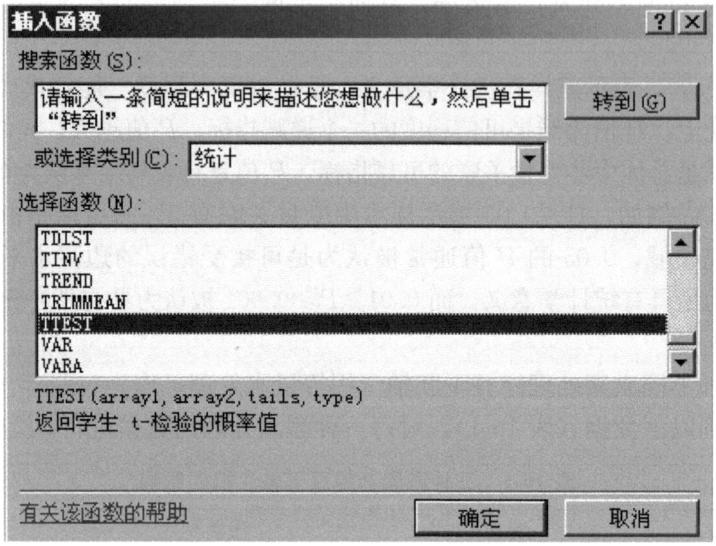

3. 在 Excel 的左上角出现 TTEST 对话框，输入相关信息。

选项：(1) Array1 为第一个数据集，Array2 为第二个数据集。数值输入方法是：①选取第一个数据集（对照组的生根数）时，在表格中选取数据后，所选取的区域周围出现闪动的虚线，在 Array1 中出现如 A2∶A11 样式的数值选取范围；②选取第二个数据集（激素 1 处理的数据）的方法同上。(2) Tails 指明分布曲线的尾数。如果 tails = 1，函数 TTEST 使用单尾分布；如果 tails = 2，函数 TTEST 使用双尾分布。(3) Type为 t 检验的类型。1 是配对 T 检验，2 是方差齐的独立样本 t 检验，3 是方差不齐的独立样本 t 检验。在本实例中我们选 2。

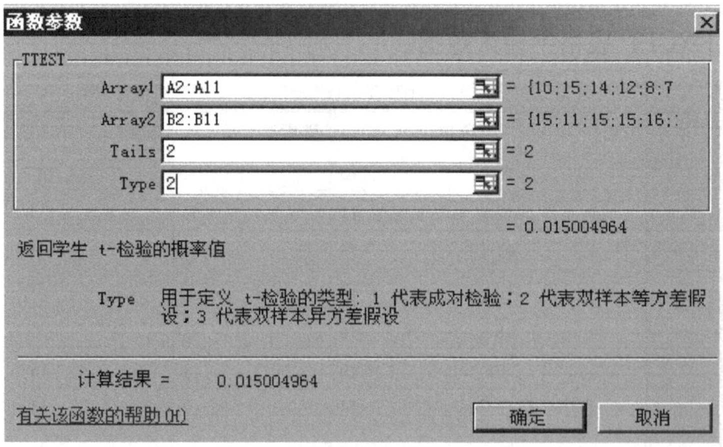

4. 按确定，t 检验值为 $P=0.015005$，说明 $0.05 \geq P > 0.01$，具有统计学意义，说明激素 1 对绿豆下胚轴生根的影响较显著。以同样方法可判断激素 2 和激素 3 的影响水平。

V 方 差 分 析

通过简单的方差分析（anova），对两个以上样本均值进行相等性假设检验（抽样取自具有相同均值的样本空间）。此方法是对双均值检验（如 t 检验）的扩充。

在生物学实验中，影响某一事物的因素往往是很多的。例如，影响植物生长发育的因素有内因和外因，其中内因包括种、品种、营养、激素水平，外因包括温度、光照、水分、矿质营养等。每一因素的改变都有可能影响植物的生长和发育，有的因素影响大些，有的影响小些。为了掌握植物生长发育规律，便于更好地服务于生产和生活，就需要找出对植物生长发育影响显著的那些因素。方差分析就是鉴别各因素效应的一种有效方法，被广泛地应用于生产实践中。

在试验中，将要考察的指标称为试验指标；影响试验指标的条件称为因素；因素所处的状态，称为该因素的水平。如果在一项试验中只有一个因素在改变，称为单因素试验；如果多于一个因素在改变，称为多因素试验。它们相应的方差分析分别称为单因素方差分析和多因素方差分析。

在方差分析方面，Excel 提供的分析工具有：单因素方差分析、双因素重复试验方差分析和双因素不重复试验方差分析。

［应用实例］

仍以“三种激素对绿豆下胚轴生根的影响”为例，要在显著性水平 $\alpha=0.05$ 下检验这些数据的均值有无显著的差异。设各总体服从正态分布，且方差相同，进行方差分析。在这里，实验的指标是生根数，激素为因素，不同的 3 种激素就是这个因素的三个不同的水平。假定除激素这一因素外，其余的一切条件都相同，这就是单因素实验。实验的目的是要考察这些激素对促进绿豆下胚轴生根的均值有无显著的差异，即考察激素这一因素对促进生根有无显著影响。这就是一个典型的单因素实验的方差分析问题。

1. 函数调用

按工具→分析工具，调出分析工具菜单（如果在“工具”菜单中没有“数据分析”选项，必须在 Microsoft Excel 中安装“分析工具库”），点亮方差分析：单因素方差分析，按确定即可调出单因素方差分析对话框。

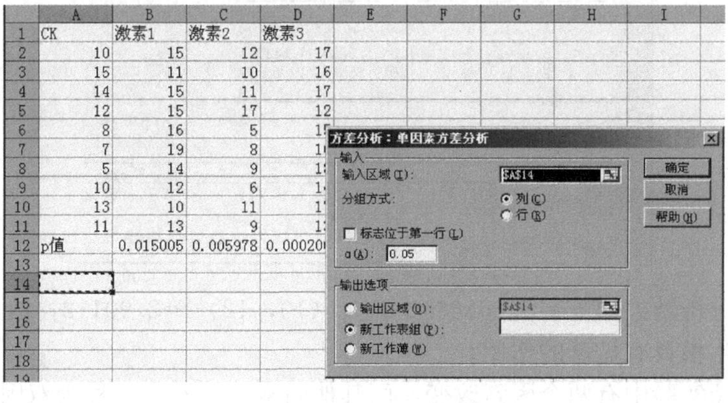

2. 选项

（1）输入区域。在此输入待分析数据区域的单元格引用。该引用必须由两个或两个以上按列或行组织的相邻数据区域组成。

（2）分组方式。如果需要指出输入区域中的数据是按行还是按列排列。

（3）标志位于第一行/列。如果输入区域的第一行中包含标志项，选“标志位于第一行”复选框；如果输入区域的第一列中包含标志项，选“标志位于第一列”复选框；如果输入区域没有标志项，则该复选框不会被选中，Microsoft Excel 将在输出表中生成适宜的数据标志（各列中第一个数）。

（4）Alpha 在此输入计算 F 统计临界值的检验水准。Alpha 为 I 型错误发生概率的显著性水平（弃真的概率）。

（5）输出区域。在此输入对输出表左上角单元格的引用。当输出表将覆盖已有的数据，或是输出表越过了工作表的边界时，Microsoft Excel 会自动确定输出区域的大小并显示信息。

（6）新工作表。单击此选项，可在当前工作簿中插入新工作表，并由新工作表的 A1 单元格开始粘贴计算结果。如果需要给新工作表命名，请在右侧的编辑框中键入名称。

（7）新工作簿。单击此选项，可创建一新工作簿，并在新工作簿的新工作表中粘贴计算结果。

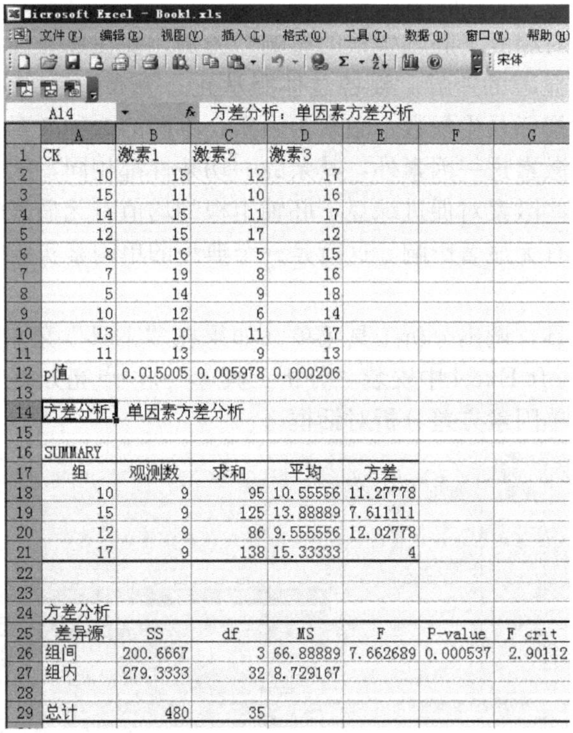

	A	B	C	D	E	F	G
1	CK	激素1	激素2	激素3			
2	10	15	12	17			
3	15	11	10	16			
4	14	15	11	17			
5	12	15	17	12			
6	8	16	5	15			
7	7	19	8	16			
8	5	14	9	18			
9	10	12	6	14			
10	13	10	11	17			
11	11	13	9	13			
12	p值	0.015005	0.005978	0.000206			
13							
14	方差分析：	单因素方差分析					
15							
16	SUMMARY						
17	组	观测数	求和	平均	方差		
18	10	9	95	10.55556	11.27778		
19	15	9	125	13.88889	7.611111		
20	12	9	86	9.555556	12.02778		
21	17	9	138	15.33333	4		
22							
23							
24	方差分析						
25	差异源	SS	df	MS	F	P-value	F crit
26	组间	200.6667	3	66.88889	7.662689	0.000537	2.90112
27	组内	279.3333	32	8.729167			
28							
29	总计	480	35				

根据方差分析结果知 $F=7.663689>F_{0.05}$（10，12）$=2.90112$，故认为三种激素对绿豆下胚轴生根具有显著的作用。

如果在一项实验中有两个因素改变，而其他因素保持不变，称为双因素试验。双因素实验的方差分析就是观察两个因素的不同水平对研究对象的影响是否有显著性的差异。例如，某林场对果树采用了不同的剪枝方案和施肥方案（表 16-2），观察剪枝和施肥对果树的产量是否有显著影响？两者互相作用是否显著？

表 16-2　剪枝和施肥对果树产量的影响

	施肥方案 1	施肥方案 2	施肥方案 3	施肥方案 4
剪枝方案 1	36.6	35.0	32.2	30.8
剪枝方案 1	32.2	33.0	31.0	30.2
剪枝方案 1	30.3	32.0	29.0	30.9
剪枝方案 2	33.5	33.5	29.8	28.3
剪枝方案 2	31.8	32.0	28.3	27.5
剪枝方案 2	29.2	30.5	27.5	27.8
剪枝方案 3	29.1	28.5	29.8	29.5
剪枝方案 3	29.8	28.1	28.6	28.5
剪枝方案 3	28.2	27.8	28.0	26.5

表 16-2 实验指标是果树产量，剪枝和施肥是因素，其中剪枝方案有 3 个水平，施肥方案有 4 个水平。试验的目的是要考察在各种因素的各个水平下果树产量有无显著的差异，既要考虑不同的剪枝方案、施肥方案是否对果树产量有显著影响，又要考虑剪枝和施肥两因素各方案的配合对果树产量是否有影响。可重复双因素方差分析结果说明，在显著性水平 0.05 下，剪枝和施肥都对果树产量有显著的影响，但两者的配合对果树产量无显著作用，即剪枝和施肥间无交互作用。

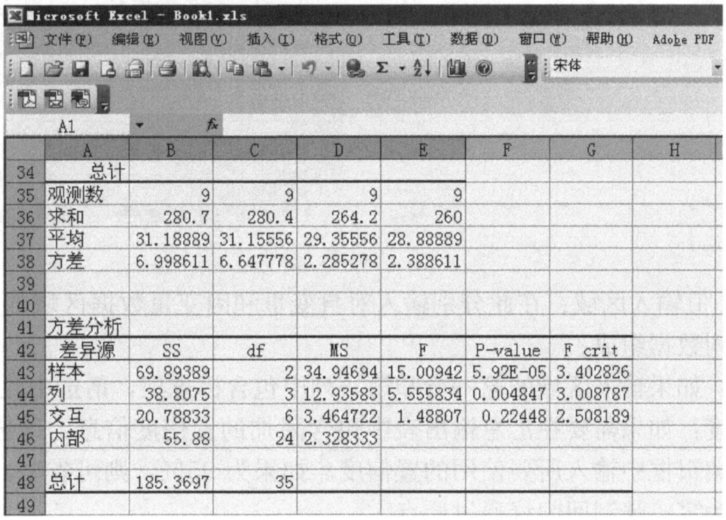

	A	B	C	D	E	F	G	H
34	总计							
35	观测数	9	9	9	9			
36	求和	280.7	280.4	264.2	260			
37	平均	31.18889	31.15556	29.35556	28.88889			
38	方差	6.998611	6.647778	2.285278	2.388611			
39								
40								
41	方差分析							
42	差异源	SS	df	MS	F	P-value	F crit	
43	样本	69.89389	2	34.94694	15.00942	5.92E-05	3.402826	
44	列	38.8075	3	12.93583	5.555834	0.004847	3.008787	
45	交互	20.78833	6	3.464722	1.48807	0.22448	2.508189	
46	内部	55.88	24	2.328333				
47								
48	总计	185.3697	35					
49								

Ⅵ　相关与回归分析

“相关”是表示两个变量间是否存在相关关系；相关分析是研究两个变量相互关系是否密切的一种统计方法，用相关系数 r 表示。直线回归分析是定量描述两变量间的直线关系。相关与回归分析说明的问题不同，但互有联系。进行回归分析时，一般先进行相关分析，当相关分析有统计意义时再求回归方程和回归线才有实际意义，而不能把毫无联系的两个事物或两种现象进行回归分析。下面用紫外分光光度法测定蛋白质含量所得数据（表 16-3），即浓度和吸光度进行相关性和回归分析。

表 16-3　紫外分光光度法测定蛋白质含量

标准样品	浓度/(mg/ml)	吸光度
1	0.2500	0.200
2	0.5000	0.384
3	0.7500	0.538
4	1.0000	0.691
5	1.2500	0.892

1. 函数调用

按工具→分析工具，调出分析工具菜单，点亮“回归”，按确定可调出回归对话框。

2. 选项

（1）X、Y 值输入区域：在此分别输入对自变量和因变量数据区域的引用。该区域必须分别由单列数据组成。

（2）标志：如果输入区域的第一行和第一列中包含标志项，请选中此复选框。

（3）置信度：如果需要在汇总输出表中包含附加的置信度信息，请选中此复选框，然后在右侧的编辑框中输入所要使用的置信度。如果为 95%，则可省略。

（4）常数为零：强制回归线通过原点。

（5）输出区域：在此输入对输出表左上角单元格的引用。

（6）新工作表：单击此选项，可在当前工作簿中插入新工作表，并由新工作表的 A1 单元格开始粘贴计算结果。如果需要给新工作表命名，请在右侧的编辑框中键入名称。

（7）新工作簿：创建一新工作簿，并在新工作簿中的新工作表中粘贴计算结果。

（8）残差：以残差输出表的形式查看残差。

（9）标准残差：残差输出表中包含标准残差。残差图：绘制每个自变量及其残差。线形拟合图：为预测值和观察值生成一个图表。正态概率图：绘制正态概率图。按实际要求选择后点确定，得到的结果说明浓度和吸光度具有很高的相关性，根据该组数据所得到的回归方程是可靠的。

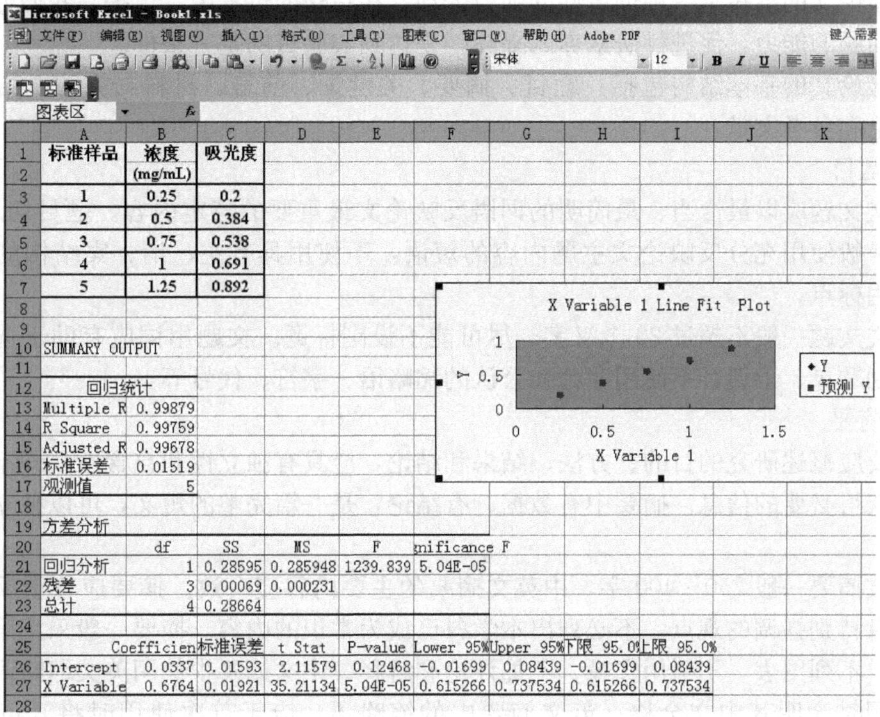

	A	B	C	D	E	F	G	H	I
1	标准样品	浓度 (mg/mL)	吸光度						
3	1	0.25	0.2						
4	2	0.5	0.384						
5	3	0.75	0.538						
6	4	1	0.691						
7	5	1.25	0.892						
10	SUMMARY OUTPUT								
12	回归统计								
13	Multiple R	0.99879							
14	R Square	0.99759							
15	Adjusted R	0.99678							
16	标准误差	0.01519							
17	观测值	5							
19	方差分析								
20		df	SS	MS	F	gnificance F			
21	回归分析	1	0.28595	0.285948	1239.839	5.04E-05			
22	残差	3	0.00069	0.000231					
23	总计	4	0.28664						
25		Coefficien	标准误差	t Stat	P-value	Lower 95%	Upper 95%	下限 95.0%	上限 95.0%
26	Intercept	0.0337	0.01593	2.11579	0.12468	-0.01699	0.08439	-0.01699	0.08439
27	X Variable	0.6764	0.01921	35.21134	5.04E-05	0.615266	0.737534	0.615266	0.737534

利用 Excel 还可作出相关系数、协方差分析、进行描述统计、指数平滑、双样本方差齐性的 F 检验、傅里叶分析、直方图等。其基本操作与上述分析过程相似，只要数据输入格式正确，一般都可获得精确的结果，在这里我们着重介绍植物生理实验过程中经常会用到的几种统计方法，相信会对植物生理实验中数据处理有所帮助。

模块 17　实验论文的撰写

实验论文的撰写是一种创造性的脑力劳动，在写作的过程中，可提高我们分析问题与解决问题的能力，促进科研素养的提高，是达到实验目的基本条件。

实验论文的基本结构包括：题目、摘要、关键词、前言、材料与方法、结果与分析、讨论和参考文献。

1. 题目

论文文题应以最恰当、最简明的词语反映论文最重要的特定内容。题目切忌太泛、太繁。一般使用充分反映论文主题内容的短语，不使用具有主、谓、宾结构的完整语句，不用标点。

中文文题一般不超过 20 个汉字。尽可能不设副标题。文题用词应有助于选定关键词和编制题录、索引，不使用非公知公认的缩略语、字符、代号等。

2. 摘要

摘要应概述研究的目的、方法、结果和结论，应具有独立性和自含性，即不阅读全文就能获得必要的信息。摘要中有数据、有结论，是一篇完整的短文，可以独立使用和引用。

中文摘要一般 250～400 字，中英文摘要的主要内容应一致。摘要应着重反映新内容和作者特别强调的观点，不必列出本学科已成为常识的内容。摘要一般采用第三人称的写法，不列图表，不引用文献，不加评论和解释。中文摘要中使用英文缩略语，应于首次使用时注明其中文全称；英文摘要中的缩略语，应于首次使用时将其英文全称注出。

摘要包括的要素有以下几点。①目的：简要说明研究的目的，表明研究的范围和重要性；②方法：简要说明基本设计，使用的材料与方法，如何分组对照，研究范围及精确程度，经何统计学处理；③结果：简要列出主要结果和数据，特别是新发现。叙述要具体、准确。给出具体的检验数值；④结论：简要说明经验、论证取得的正确观点及其理论价值或应用价值。

3. 关键词

论著一般要求 3～6 个关键词，应反映全文最主要的内容。中英文关键词要一致，均不用缩写。

4. 前言

主要概述研究的背景、目的、研究思路、理论依据等，有的研究还应说明该研究开始的年月。前言应开门见山，简要、清楚，不要涉及本研究中的数据或结论。未经检索，前言中不可写“国内未曾报道”等字样，也不可自我评价“达到××水平”或“填补××空白”等。比较短的论文可以只用小段文字起前言作用。

5. 材料与方法

介绍研究材料（包括对照组）的选择、基本情况和来源。对研究所采用的方法及观察指标逐一介绍，属于创造的方法应详细叙述“方法”的细节，以备他人重复。改进的方法应详细叙述改进之处，并以引用文献的方式给出原方法的出处。完全使用他人方法，应以引用文献的方式给出方法的出处。不要描述使用方法的工作原理。应说明统计分析方法及其选择依据。

6. 结果与分析

结果与分析是论文的核心部分，是将研究过程中所得的各种资料和数据进行分析、归纳，经过必要的统计学处理，然后用文字和图表加以表述。结果的叙述要客观、真实和准确，简洁明了，重点突出，层次分明，不应与讨论内容混淆。若文中设有图表，则正文不需重述其全部数据，只需摘述其主要发现或数据。

7. 讨论

应着重讨论研究中的新发现及从中得出的结论，包括发现的意义及其限度，以及对进一步研究的启示。若不能导出结论，也可进行必要的讨论，提出建议、设想、改进的意见或需解决的问题。应将研究结果与其他有关的研究相联系，并将本研究的结论与目的相关联。不必重述已在前言和结果部分详述过的数据或资料。不要过多罗列文献，避免做不成熟的主观推断，最好留有余地。不应列入图表。

8. 参考文献

标注参考文献可以反映论文的科学依据，体现尊重他人研究成果的态度，并向读者提供有关信息。参考文献必须是作者亲自阅读过的、主要的、发表于正式出版物上的原始文献。文内引用时，按文献出现的先后顺序用阿拉伯数字连续编码；图中引用时，按其在全文中出现的顺序编号，引文标注在图题或注释中；表中引用时，在表中依次标注。文后参考文献的顺序按文中引用的顺序依次排列。外国人名姓在前，名缩写在后。中文刊名写全称，外文刊名采用美国国立医学图书馆编印的 Index Medicus 中列出的刊名缩写形式。

注意事项：①在引用或介绍文献内容时，要如实地反映，切不可加入主观见解、解释或评论。要着重反映新发现、新成果及有关的数据。实验结果要真实，经过生物学统计分析；② 全文的文体保持一致，结构要严谨，表达要简明，语义要确切；③采用国家颁布的法定计量单位，正确使用简化汉字及标点符号。

模块 18　综合设计性实验选题

为了培养学生提出问题、分析问题和解决问题的能力，在学生完成植物生理学实验课程第一阶段的学习后，可进入“综合设计性实验”的学习过程。

我们根据植物生理学科的特点和多年的教学实践，提出下列 17 个综合设计实验的题目供教学参考。学生在确定相关题目后，要查阅资料，了解学科发展的现状与关注的问题，需要写出详细的实验（设计）计划，经老师审核。

1. 稀土元素对植物根系发育的影响

植物根系是植物从其生活环境中获取水分和营养物质的主要器官。稀土元素对根系生长有特殊的效应，它不仅能促进植物生根，加快根的生长，而且能促进不定根的发生，加强根的离子吸收活动和生理机能，并影响植物固氮及某些酶的活性，对细胞的分裂和根系的形成有极为重要的作用。

建议用稀土元素配制成不同浓度的溶液浸泡种子或处理幼苗的根系，一定天数后，观察根的形态、测定根长、统计根数，分析根系活力及根系对营养元素的吸收能力。

2. 水果果皮和果肉的营养成分分析

人们吃苹果、葡萄等水果时，喜欢削去果皮。本实验以苹果或葡萄为材料，认识果皮的营养成分，并与果肉相比较，指导科学食用。

建议在相同的实验条件下，同时测定果皮和果肉的可溶性糖、维生素 C、有机酸等营养与风味成分，以及分析抗氧化活性。

3. 茶叶活性成分分析

茶叶具有显著的药用价值，其中茶多酚约占绿茶干物质的 20%～30%，具有很强的抗氧化作用和良好的药理作用；茶多糖也是茶叶中重要的生理活性成分。显然，不同的茶叶品种，其茶多酚和茶多糖的含量是不同的。

建议首先优化茶叶中茶多酚和茶多糖（用蒽酮比色法测定）的提取条件，然后对不同品种的茶叶，或相同产地生产的不同品种或不同季节生产的同一品种茶叶进行分析，分析其茶多酚或咖啡因含量。

4. 花芽分化过程中内源激素变化

花芽分化是植物从营养生长转向生殖生长的重要标志，各种植物激素之间的动态平衡是植物成花的关键，它通过调节植物开花相关基因，启动植物花芽分化。本综合实验分析植物花芽分化过程中的内源激素的变化，了解花芽分化与内源激素动态变化之间的关系。

建议在不同的季节，分别取黄瓜、柑橘等发育时期不同的花芽，研究其花芽分化至花开放过程中形态变化，如花鲜重、直径等；分析相应时期内源乙烯、玉米素和生长素含量的变化；或者对刚形成的花芽进行不同处理，处理一段时期后，观察花芽分化过程中乙烯、玉米素和生长素含量的变化与花芽外形变化的关系。

5. 富贵竹提取液对种子萌发的生理作用

根据富贵竹根系在长期水培过程中生长旺盛的特点，建议用蒸馏水或乙醇溶液浸提富贵竹根段或茎段部分，通过简单分离过程，获得提取液；利用提取液处理种子，观察其对种子的萌发率和发芽势的影响；进一步分析种子在萌发过程中，呼吸速率和ATPase活性的变化，初步了解其作用原因。

6. 重金属对植物生长的作用

植物的安全性越来越受到人们关注，为了认识重金属对植物的伤害以及植物对重金属污染产生的生理反应，建议采用沙培或溶液培养的方式，用不同浓度的重金属培养不同植物材料，或到工业生产区周边观察不同植株在营养生长阶段器官出现的病症。通过分析植株生长速率、光合速率、呼吸速率等以及测定植株中重金属含量，了解这些植株对重金属作用的敏感性和生理反应，为了解植物抗重金属的能力提供基本方法。

7. 果实成熟期间呼吸特性分析

呼吸作用是植物物质代谢和能量代谢的中心。不同类型的植物，其果实成熟与呼吸作用相关。建议选择一种植物，分析不同成熟阶段的果实吸速率、乙醇酸氧化酶和ATPase活性等的变化。利用呼吸代谢抑制剂处理测定其呼吸速率变化，可初步了解果实成熟期间的呼吸作用与果实成熟的关系。

8. C_3植株和C_4植株的光合特性比较

为了认识C_3植物和C_4植物的光合特性，建议在相同实验条件下，比较C_3植物（如水稻、白菜）和C_4植物（如玉米、狗尾草）的气孔导度、光合日变化、CO_2响应曲线、胞间CO_2浓度、蔗糖含量、光合碳三产物含量、乙醇酸氧化酶活性等。

9. 烹调对常见蔬菜抗氧化活性与成分的影响

研究报道显示，富含蔬菜的饮食具有防治慢性疾病、心血管疾病等作用，其原因是这些蔬菜含有抗氧化物质，如维生素C、维生素E、类胡萝卜素、酚类化合物等。

建议对几种蔬菜，以炒、煮、微波等烹调方法处理，测定和比较其烹调前后的抗氧化活性，以及维生素C、维生素E、类胡萝卜素、总多酚含量和总类黄酮含量，为评价这些蔬菜的实际抗氧化物质摄入量提供参考。

10. 无机离子对切花弯颈现象的影响

切花保鲜的目的是延长切花的观赏时期。建议以非洲菊等切花为材料，以不同浓度的无机离子（如$CoCl_2$或K_2SO_4）为瓶插保鲜液。对瓶插不同天数的切花，测定其鲜重和含水量，分析花梗的粗纤维素含量和花的花青素含量，初步评定不同的无机离子在抑制、减弱或延缓切花弯颈方面的作用，可以进一步观察与分析不同无机离子的协同作用对切花弯颈产生的效应。

11. 延缓外来入侵植物的生长

控制外来入侵植物的生长和发育具有现实意义。建议将水葫芦、五爪金龙、薇甘菊等外来入侵的植物，通过溶液培养方法培养整株植株，或离体培养叶片、茎段或根部，采用不同种类的植物生长调节剂处理，比较不同的处理浓度和不同处理方法对这些植物的生长速率、器官的伸长或面积、分枝、叶绿素含量、光合速率等的影响，确定有效延缓外来入侵植物生长的方法。

12. 湿度和温度对植物气孔开度的影响

建议将蚕豆、紫鸭趾草等植株盆栽，在光照生长箱内一定光照条件下，设置不同的湿度或温度，观察植株叶片气孔的开放比率，测定单个气孔的面积和开度、胞间 CO_2 浓度、气孔导度、蒸腾速率。

13. 冷藏水果在货架期间的品质分析

取冷藏天数不同的水果，分析其可溶性固形物、植株失重、好果率等，同时测定货架期间密闭状态下的乙烯含量和 CO_2 含量，认识冷藏果实的品质变化与乙烯作用的关系。

14. 反季节蔬菜的营养成分分析

建议以市场上受欢迎的反季节蔬菜（如菜心、辣椒、番茄、黄瓜、大蒜等）为材料，分析其维生素 C、硝酸盐、可溶性糖、可溶性蛋白质、花色素苷含量、色素含量等，再以正常生长季节的相同品种作为对照，对其营养成分进行比较。

15. 植物生长物质对植物抗性的影响

建议用不同方式处理的植物材料，在干旱或低温等胁迫条件下生长一段时间，分析植物的抗性能力，如生存率、组织含水量、叶绿素含量，同时测定胁迫期间植物体内抗氧化酶活性、脯氨酸含量、甜菜碱含量的变化，初步了解其作用原因。

16. 蔬果不可食部分总黄酮和多酚类物质含量分析

目前认为，类胡萝卜素和多酚类物质是重要的抗氧化物质。除了传统水果和蔬菜外，它们大多数存在于果实的皮、核、叶、茎等不可食部分中。建议以冬瓜果皮、芹菜老叶、枸杞茎等不可食部分为材料，分析总黄酮和总酚类物质含量。考虑到植物材料的特殊性，对不同的测定方法进行比较，优化测定条件。

17. 植物在胁迫条件下维持水分平衡能力分析

建议盆栽太阳花等植物，在干旱胁迫或强光下生长数小时，分析植物组织的含水量，束缚水与自由水含量，蒸腾速率，测定根部细胞的水势和质膜相对透性，进一步检测根部影响水分代谢的有关蛋白质的变化，并观察叶表皮气孔数目等。

附　录

Ⅰ　试剂的配制

一、一般化学试剂的分级

化学试剂根据其质量分为各种规格（品级），在配制溶液时，应根据实验要求选择不同规格的试剂，一般化学试剂的分级见附表1。

附表1　一般化学试剂的分级

规格标准和用途	一级试剂	二级试剂	三级试剂	四级试剂	生物试剂
我国标准	保证试剂 C.R.	分析纯 A.R	化学纯 C.P.	化学用 L.R	B.R或C.R
国外标准	绿色标签 A.R. G.R. A.C.S. P.A. X.ч	红色标签 C.P. P.U.S.S. Puriss чдA	蓝色标签 L.P. E.P. ч	P Pure	
用途	纯度最高，杂质含量最少。适用于最精确的分析和研究工作	纯度较高，杂质含量较低。适用于精确的微量分析工作，分析实验室广泛使用	纯度略低于分析纯，适用于一般的微量分析实验	纯度较低，适用于一般的定性检验	根据说明使用

二、试剂浓度的表示及其配制

1. 百分浓度

百分浓度（%）表示在100g或100ml溶液中含有溶质的数量。由于溶液的量可以用质量计算，也可以用体积计算，所以又分为质量百分浓度和体积百分浓度。

（1）质量百分浓度，表示在100g溶液中含有溶质的质量（g）。例如，10% NaCl溶液，即表示100g NaCl溶液中含有10g NaCl。配制时称取10g NaCl，加入90g蒸馏水即可。通常某溶液的浓度用百分浓度（%）表示时，指的就是质量百分浓度。试剂厂生产的液体酸碱，常以此法表示。

(2) 体积百分浓度，表示在100ml溶液中含有溶质的体积（ml），通常液体溶质用此方式表示。例如，50ml无水乙醇用蒸馏水稀释至100ml，则乙醇浓度即为50%。

(3) 质量体积百分浓度，表示在100ml溶液中含有溶质的质量（g）。例如，配制1% NaOH溶液时，称取1g NaOH，用蒸馏水溶解后，再加蒸馏水稀释至100ml。一般百分浓度都用这种方法配制，常用于配制溶质为固体的稀溶液。

2. 物质的量浓度

物质的量浓度是指单位体积溶液所含溶质的量，通常用mol/L表示，即摩尔浓度。此外，还有一些较小的单位，如mmol/L和μmol/L，三者递次缩小1000倍。

三、混合液的配制方法

在有两种溶液（或溶液和试剂）时，为了得到所需浓度的溶液可用下法：

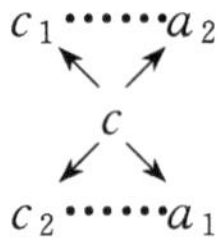

$$a_1 = c_1 - c$$
$$a_2 = c - c_2$$

式中，c为所求的混合液浓度；c_1和a_1为浓度较高的溶液的浓度（c_1）和质量（a_1）；c_2和a_2为浓度较低的溶液的浓度（c_2）和质量（a_2）；在换算成体积V时必须计算溶液的密度（d），即不用a而用$V \times d$。

［**例1**］ 有含量为96%和70%的溶液，需要用它们配制80%的溶液，则要将10份的96%溶液和16份的70%溶液混合。

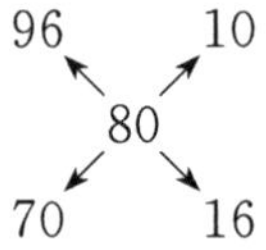

［**例2**］ 有95%乙醇，需要用它配制成50%的浓度，则要将50份的95%乙醇和45份的水混合。

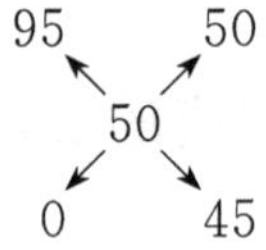

Ⅱ 硫酸铵饱和度常用表

一、调整硫酸铵溶液饱和度计算表（25℃）

		硫酸铵最终饱和度/%																
		10	20	25	30	33	35	40	45	50	55	60	65	70	75	80	90	100
		每1L溶液加固体硫酸铵的质量* /g																
硫酸铵初始饱和度/%	0	56	114	114	176	196	209	243	277	313	351	390	430	472	516	561	662	767
	10		57	86	118	137	150	183	216	251	288	326	365	406	449	494	592	694
	20			29	59	78	81	123	155	189	225	262	300	340	382	424	520	619
	25				30	49	61	93	125	158	193	230	267	307	348	390	485	583
	30					19	30	62	94	127	162	198	235	273	314	356	449	546
	33						12	43	74	107	142	177	214	252	292	333	426	522
	35							31	63	94	129	164	200	238	278	319	411	506
	40								31	63	97	132	168	205	245	285	375	469
	45									32	65	99	134	171	210	250	339	431
	50										33	66	101	137	176	214	302	392
	55											33	67	103	141	179	264	353
	60												34	69	105	143	227	314
	65													34	70	107	190	275
	70														35	72	153	237
	75															36	115	198
	80																77	157
	90																	79

* 在25℃时，硫酸铵溶液由初浓度调到终浓度时，每1L溶液所加固体硫酸铵的质量(g)。

二、调整硫酸铵溶液饱和度计算表（0℃）

硫酸铵初始饱和度/%	硫酸铵最终饱和度/%																
	10	20	25	30	33	35	40	45	50	55	60	65	70	75	80	90	100
	每 100ml 溶液加加固体硫酸铵的质量* /g																
0	10.6	13.4	16.4	19.4	22.6	25.8	29.1	32.6	39.8	43.6	47.6	51.6	55.9	60.3	65.9	69.7	
5	7.9	10.8	13.7	16.6	19.7	22.9	26.2	29.6	33.1	36.8	40.5	44.4	48.4	52.6	57.0	61.5	66.2
10	5.3	8.1	10.9	13.9	16.9	2.0	23.3	26.6	30.1	33.7	37.4	41.2	45.2	49.3	53.6	58.1	62.7
15	2.6	5.4	8.2	11.1	14.1	17.2	20.4	23.7	27.1	30.6	34.3	38.1	42.0	46.0	50.3	54.7	59.2
20	0	2.7	5.5	8.3	11.3	14.3	17.5	20.7	24.1	27.6	31.2	34.9	38.7	42.7	46.9	51.2	55.7
25		0	2.7	5.6	8.4	11.5	14.6	17.9	21.1	24.5	28.0	31.7	35.5	39.5	43.6	47.8	52.2
30			0	2.8	5.6	8.6	11.7	14.8	18.1	21.4	24.9	28.5	32.3	36.2	40.2	44.5	48.8
35				0	2.8	5.7	8.7	11.8	15.1	18.4	21.8	25.4	29.1	32.9	36.9	41.0	45.3
40					0	2.8	5.8	8.9	12.0	15.3	18.7	22.2	25.8	29.6	33.5	37.6	41.8
45						0	2.9	5.9	9.0	12.3	15.6	19.0	22.6	26.3	30.2	34.2	38.3
50							0	3.0	6.0	9.2	12.5	15.9	19.4	23.0	26.8	30.8	34.8
55								0	3.0	6.1	9.3	12.7	16.1	19.7	23.5	27.3	31.3
60									0	3.1	6.2	95.0	12.9	16.4	20.1	23.1	27.9
65										0	3.1	6.3	9.7	13.2	16.8	20.5	24.4
70											0	3.2	6.5	9.9	13.4	17.1	20.9
75												0	3.2	6.6	10.1	13.7	17.4
80													0	3.3	6.7	10.3	13.9
85														0	3.4	6.8	10.5
90															0	3.4	7.0
95																0	3.5
100																	0

* 在 0℃时，硫酸铵溶液由初浓度调到终浓度时，每 100ml 溶液所加固体硫酸铵的质量(g)。

Ⅲ　常用有机溶剂及其主要性质

名称	化学式	相对分子质量	溶点/℃	沸点/℃	溶解性质	性质
甲醇	CH_3OH	32.04	−97.8	64.7	溶于水、乙醇、乙醚、苯等	有毒
乙醇	C_2H_5OH	46.07	−114.10	78.50	与水及许多有机溶剂混溶	易燃
丙醇	$CH_3CH_2CH_2OH$	60.09	−127.0	97.20	与水、乙醇、氯仿等混溶，不溶于盐溶液	对眼有刺激作用
异丙醇	$(CH_3)_2CHOH$	60.09	−88.5	82.5	与水、乙醇、氯信等混溶，不溶于盐溶液	易燃
丁醇	$CH_3CH_2CH_2CH_2OH$	74.12	−90.0	117～118	与乙醇、乙醚等多种有机溶剂混溶	蒸气有刺激性
戊醇	$CH_3(CH_2)_4OH$	88.15	−79.0	137.5	与乙醇、乙醚混溶	有刺激作用
特丁醇	$(CH_3)_2COH$	74.12	25.6	82.41	溶于水、与乙醇、乙醚混溶	
丙酮	CH_3COCH_3	58.08	−94.0	56.5	与水、乙醇、氯仿、乙醚及多种油类混溶	挥发性强，易燃，有麻醉性
乙醚	$C_2H_5OC_2H_5$	74.12	−116.3	34.6	微溶于水，易溶于浓盐酸与苯、氯仿、石油醚及脂肪溶剂	易挥发，易燃，有麻醉性
氯仿	$CHCl_3$	119.39	−63.5 固化	61～62	易溶于水，能与多种有机溶剂及油类混溶	易挥发
乙酸（乙酯）	$CH_3COOC_2H_5$	88.1	−83.0	77.0	溶于水，与乙醇、氯仿等有机溶剂及油混溶	易挥发，易燃烧
苯	C_6H_6	78.11	5.5 固化	80.1	易溶于水，与乙醇、乙醚、氯仿等有机溶剂及油混溶	极易燃烧，有毒
甲苯	$CH_3C_6H_5$	92.13	−95 固化	110.6	微溶于水，能与多种有机溶剂混溶	易燃，高浓度时有麻醉作用
二甲苯	$C_6H_4(CH_3)_2$	106.16		137～140	不溶于水，与无水乙醇、乙醚等多种有机溶剂混溶	易燃，高浓度时有麻醉作用
酚	C_6H_5OH	94.11	40.85	182.0	能溶于水，易溶于乙醇、乙醚、氯仿、甘油，不溶于石油醚	有毒，有腐蚀性，高浓度时有麻醉作用
巳烷	$CH_3(CH_2)_4CH_3$	86.17	−95～100 固化	69.0	不溶于水，与乙醇、氯仿、乙醚混溶	易挥发，易燃，高浓度时有麻醉作用
环乙烷	$C_2(CH_2)_4C_2$	84.16	6.47	80.7	产溶于水，与乙醇、乙醚、丙酮、苯等混溶	易燃，刺激皮肤，高浓度时可用于麻醉
甲酰胺	CH_3NO	45.04	2.55	210.5	溶于水，与甲醇、乙醇、己二醇、甘油等混溶，微溶于苯、乙醚	对皮肤有刺激作用

名称	化学式	相对分子质量	溶点/℃	沸点/℃	溶解性质	性质
四氯化碳	CCl_4	153.84	−23 固化	76.7	易溶于水，与甲醇、苯、氯仿、乙醚、二硫化碳、石油醚、油等混溶	不燃烧，可用于灭火，有毒
二硫化碳	CS_2	76.14	−116.6	46.5	难溶于水，与无水甲醇、乙醇、乙醚、苯、氯仿、油类等混溶	有毒，有恶臭，极易燃烧
石油醚				35.8	不溶于水，能与多种有机溶剂混溶	有挥发性，极易燃烧
吡啶	C_5N_5N	79.10	−42 固化	115～116	能与水、乙醇、石油醚混溶	易燃，有刺激作用
乙腈	C_2H_3N	41.05	−45	81.6	与水、甲醇、乙酯、丙酮乙酸等混溶	有毒，遇火燃烧

Ⅳ 蔗糖浓度、密度与折射率换算表

溶液浓度			密度 ρ/(g/ml)		折射率
/(g/100g)	/(g/L)	/(mol/L)	D_4^{20}	D_{20}^{20}	n
0.5	5.0	0.015	1.0002	1.0019	1.3337
1.00	10.0	0.029	1.0021	1.0039	1.3344
1.50	15.1	0.044	1.0040	1.0058	1.3351
2.00	20.1	0.059	1.0060	1.0078	1.3359
2.50	25.2	0.074	1.0079	1.0097	1.3366
3.00	30.3	0.089	1.0099	1.0117	1.3373
3.50	35.4	0.103	1.0119	1.0137	1.3381
4.00	40.6	0.118	1.0139	1.0156	1.3388
4.50	45.7	0.134	1.0158	1.0176	1.3395
5.00	50.9	0.149	1.0178	1.0196	1.3403
5.50	56.1	0.164	1.0198	1.0216	1.3410
6.00	61.3	0.179	1.0218	1.0236	1.3418
6.50	66.5	0.194	1.0238	1.0257	1.3425
7.00	71.8	0.210	1.0259	1.0277	1.3433
7.50	77.1	0.225	1.0279	1.0297	1.3440
8.00	82.4	0.241	1.0299	1.0317	1.3448
8.50	87.7	0.256	1.0320	1.0338	1.3455
9.00	93.1	0.272	1.0340	1.0358	1.3463
9.50	98.4	0.288	1.0361	1.0379	1.3471
10.00	103.8	0.303	1.0381	1.0400	1.3478
11.00	114.7	0.335	1.0423	1.0441	1.3494
12.00	125.6	0.367	1.0465	1.0483	1.3509
13.00	136.6	0.399	1.0507	1.0525	1.3525

续表

溶液浓度			密度 ρ		折射率
/(g/100g)	/(g/L)	/(mol/L)	D_4^{20}	D_{20}^{20}	n
14.00	147.7	0.431	1.0549	1.0568	1.3541
15.00	158.9	0.464	1.0592	1.0610	1.3557
16.00	170.2	0.497	1.0635	1.0653	1.3573
17.00	181.5	0.530	1.0678	1.0697	1.3589
18.00	193.0	0.564	1.0722	1.0741	1.3606
19.00	204.5	0.598	1.0766	1.0785	1.3622
20.00	216.2	0.632	1.0810	1.0829	1.3639
22.00	239.8	0.701	1.0899	1.0918	1.3672
24.00	263.8	0.771	1.0990	1.1009	1.3706
26.00	288.1	0.842	1.1082	1.1102	1.3741
28.00	312.9	0.914	1.1175	1.1195	1.3776
30.00	338.1	0.988	1.1270	1.1290	1.3812
32.00	363.7	1.063	1.1366	1.1386	1.3848
34.00	389.8	1.139	1.1464	1.1484	1.3885
36.00	416.2	1.216	1.1562	1.1583	1.3922
38.00	443.2	1.295	1.1663	1.1683	1.3960
40.00	470.6	1.375	1.1765	1.1785	1.3999

V 植物组织培养常用培养基

矿质盐类	MS	ER	HE	SH	B_5	N_6
大量元素/(mg/L)						
NH_4NO_3	1650	1200				463
KNO_3	1900	1900		2500	2500	2830
$CaCl_2 \cdot 2H_2O$	440	440	75	200	150	166
$MgSO_4 \cdot 7H_2O$	370	370	250	400	250	185
KH_2PO_4	170	340				400
$(NH_4)_2SO_4$					134	
$NaNO_3$			600			
$NaH_2PO_4 \cdot H_2O$			125	345	150	
KCl			750			
微量元素/(mg/L)						
KI	0.83		0.01	1.0	0.75	0.8
H_3BO_3	6.2	0.63	1.0	5.0	3.0	1.6
$MnSO_4 \cdot 4H_2O$	22.3	2.23	0.1	10	10	4.4
$ZnSO_4 \cdot 7H_2O$	10.6		1.0	1.0	2.0	1.5
Zn(螯合的)		15				
$Na_2MoO_4 \cdot 2H_2O$	0.25	0.025		0.1	0.25	
$CuSO_4 \cdot 5H_2O$	0.025	0.0025	0.03	0.2	0.04	
$CoCl_2 \cdot 6H_2O$	0.025	0.0025		0.1	0.025	

续表

矿质盐类	MS	ER	HE	SH	B_5	N_6
$AlCl_3$			0.03			
$NiCL_2 \cdot 6H_2O$			0.03			
$FeCl_3 \cdot 6H_2O$			1.0			
Na_2-EDTA	37.3	37.3		20	37.3	37.3
$FeSO_4 \cdot 7H_2O$	27.8	27.8		15	27.8	27.8
蔗糖(g/L)	30	40	20	30	20	50
pH	5.7	5.8	5.8	5.8	5.5	5.8

Ⅵ 常见的植物生长调节物质及其主要性质

名称	化学式	相对分子质量	溶解性质
吲哚乙酸(IAA)	$C_{10}H_9O_2N$	175.19	溶于醇、醚、丙酮,在碱性溶液中稳定,遇热酸后失去活性
吲哚丁酸(IBA)	$C_{12}H_{13}NO_3$	203.24	溶于醇、丙酮、醚,不溶于水、氯仿
α-萘乙酸(NAA)	$C_{12}H_{10}O_2$	186.20	易溶于热水,微溶于冷水,溶于丙酮、醚、乙酸、苯
2,4-二氯苯氧乙酸(2,4-D)	$C_8H_6C_{12}O_3$	221.04	难溶于水、溶于醇、丙酮、乙醚等有机溶剂
赤霉素(GA3)	$C_{10}H_{22}O_6$	346.4	难溶于水,不溶于石油醚、苯、氯仿而溶于醇类、丙酮、冰乙酸
4-碘苯氧乙酸(PIPA)(增产灵)	$C_8H_7O_3I$	278	微溶于冷水,易溶于热水、乙醇、氯仿、乙醚、苯
对氯苯氧乙酸(PCPA)(防落素)	$C_8H_7O_3CI$	186.5	溶于乙醇、丙酮和乙酸等有机溶剂和热水
激动素(KT)	$C_{10}H_9N_5O$	215.21	易溶于稀盐酸、稀氢氧化钠,微溶于冷水,乙醇、甲醇
6-苄基腺嘌呤(6-BA)	$C_{12}H_{11}N_5$	225.25	溶于稀碱、稀酸,不溶于乙醇
脱落酸(ABA)	$C_{15}H_{20}O_4$	264.3	溶于碱性溶液,如 $NaHCO_3$、三氯甲烷、丙酮、乙醇
2-氯乙基膦酸(CEPA)(乙烯利)	$CICH_2PO(OH)_2$	144.5	易溶于水、乙醇、乙醚
2,3,5-三碘苯甲酸(TIBA)	$C_7H_3O_2I_3$	500.92	微溶于水,微溶于醇,易溶于冰乙酸、二乙醇胺
青鲜素(MH)	$C_4H_4O_2N_2$	112.09	难溶于水,微溶于醇,易溶于冰醋、二乙醇胺
缩节安(助壮素)(Pix)	$C_7H_{16}NCI$	149.5	可溶于水
矮壮素(CCC)	$C_5H_{13}NCI_{12}$	158.07	易溶于水,溶于乙醇、丙酮,不溶于苯、二甲苯、乙醚
B_9	$C_6H_{12}N_2O_3$	160.0	易溶于水、甲醇、丙酮,不溶于二甲苯
PP333(多效唑)	$C_{15}H_{20}CIN_3O$	293.5	易溶于甲醇、丙酮
三十烷醇(TAL)	$CH_3(CH_2)_{28}CH_2OH$	438.38	不溶于水,难溶于冷甲醇、乙醇,可溶于热苯、丙酮、乙醇、氯仿
油菜素内酯(BR)	$C_{28}H_{48}O_6$	480	溶于甲醇、乙醇等

Ⅶ　常用缓冲溶液的配制

一、磷酸缓冲液

母液：

储备液 A：0.2mol/L Na_2HPO_4溶液（$Na_2HPO_4 \cdot 7H_2O$ 53.65g或 $Na_2HPO_4 \cdot 12H_2O$ 71.7g，用蒸馏水溶至 1000ml）。

储备液 B：0.2mol/L NaH_2PO_4溶液（$NaH_2PO_4 \cdot H_2O$ 27.8g 或 $NaH_2PO_4 \cdot 2H_2O$ 31.2g，用蒸馏水溶至 1000ml）。

0.1mol 缓冲液配法：$x$ml（A）+$y$ml（B），稀释至 200ml。

x	y	pH	x	y	pH
6.5	93.5	5.7	55.0	45.0	6.9
8.0	92.0	5.8	61.0	39.0	7.0
10.0	90.0	5.9	67.0	33.0	7.1
12.3	87.7	6.0	72.0	28.0	7.2
15.0	85.0	6.1	77.0	23.0	7.3
18.5	81.5	6.2	81.0	19.0	7.4
22.5	77.5	6.3	84.0	16.0	7.5
26.5	73.5	6.4	87.0	13.0	7.6
31.5	68.5	6.5	89.5	10.5	7.7
37.5	62.5	6.6	91.5	8.5	7.8
43.5	56.5	6.7	93.0	7.0	7.9
49.0	51.0	6.8	94.7	5.3	8.0

二、Tris 缓冲液

母液：

储备液 A：0.2mol/L 三羟甲基氨基甲烷（tris-hydroxy methylamino methane，$C_4H_{11}NO_3$ 24.2g 配成 1000ml）。

储备液 B：0.2mol/L 盐酸

50ml（A）+$x$ml（B），稀释至 200ml。

x	pH	x	pH
5.0	9.0	26.8	8.0
8.1	8.8	32.5	7.8
12.2	8.6	38.4	7.6
16.5	8.4	41.4	7.4
21.9	8.2	44.2	7.2

三、乙酸盐缓冲液

储备液 A：0.2mol/L 乙酸（乙酸 11.55ml 稀释至 1000ml）。

储备液 B：0.2mol/L 乙酸钠（$C_2H_3O_2Na$ 16.4g 或 $C_2H_3O_2Na \cdot 3H_2O$ 27.2g 配成 1000ml）。

$x$ml（A）＋ $y$ml（B），稀释至 100ml。

x	y	pH	x	y	pH
46.3	3.7	3.6	20.0	30.0	4.8
44.0	6.0	3.8	14.8	35.2	5.0
41.0	9.0	4.0	10.5	39.5	5.2
36.8	13.2	4.2	8.8	41.2	5.4
30.5	19.5	4.4	4.8	45.2	5.6
25.5	24.5	4.6			

四、柠檬酸-磷酸缓冲液

母液：

储备液 A：0.1mol/L 柠檬酸溶液（$C_6H_8O_7$ 19.21g 溶至 1000ml）

储备液 B：0.2mol/L 磷酸氢二钠溶液（$Na_2HPO_4 \cdot 7H_2O$ 53.65g 或 $Na_2HPO_4 \cdot 12H_2O$ 71.7g，用蒸馏水溶至 1000ml）。

$x$ml（A）＋$y$ml（B），稀释至 100ml。

x	y	pH	x	y	pH
44.6	5.4	2.6	24.3	25.7	5.0
42.2	7.8	2.8	23.3	26.7	5.2
39.8	10.2	3.0	22.2	27.8	5.4
37.7	12.3	3.2	21.0	29.0	5.6
35.9	14.1	3.4	19.7	30.3	5.8
33.9	16.1	3.6	17.9	32.1	6.0
32.3	17.7	3.8	16.9	33.1	6.2
30.7	19.3	4.0	15.4	34.6	6.4
29.4	20.6	4.2	13.6	36.4	6.6
27.8	22.2	4.4	9.1	40.9	6.8
26.7	23.3	4.6	6.5	43.6	7.0
25.2	24.8	4.8			

五、柠檬酸-氢氧化钠-盐酸缓冲液

pH	钠离子/(mol/L)	柠檬酸/g ($C_6H_8O_7 \cdot 7H_2O$)	氢氧化钠/g (NaOH)	盐酸/ml (HCl)	最终体积/L
2.2	0.20	210	84	160	10
3.1	0.20	210	83	116	10
3.3	0.20	210	83	106	10
4.3	0.20	210	83	45	10
5.3	0.35	245	144	68	10
5.8	0.45	285	186	105	10
6.5	0.38	266	156	126	10

注：使用时可以每升中加入1g酚，若最后pH有变化，再用少量质量分数为50%的氢氧化钠溶液或浓盐酸调节，冰箱保存。

六、甘氨酸-盐酸缓冲液（0.05mol/L）

$x$ml 0.2mol/L（甘氨酸）＋ $y$ml 0.2mol/L（HCl），再加水稀释至200ml。

pH	x	y	pH	x	y
2.2	50	44.0	3.0	50	11.4
2.4	50	32.4	3.2	50	8.2
2.6	50	24.2	3.4	50	6.4
2.8	50	16.8	3.6	50	5.0

注：甘氨酸分子质量为75.07，配制1L 0.2mol/L的甘氨酸溶液需加入甘氨酸15.01g。

七、甘氨酸-氢氧化钠缓冲液（0.05mol/L）

$x$ml 0.2mol/L（甘氨酸）＋$y$ml 0.2mol/L（NaOH），再加水稀释至200ml。

pH	x	y	pH	x	y
8.6	50	4.0	9.6	50	22.4
8.8	50	6.0	98	50	27.2
9.0	50	8.8	10	50	32.0
9.2	50	12.0	10.4	50	38.6
9.4	50	16.8	10.6	50	45.5

注：甘氨酸分子质量为75.07，配制1L 0.2mol/L的甘氨酸溶液需加入甘氨酸15.01g。

八、硼砂-氢氧化钠缓冲溶液

储备液A：0.5mol/L硼砂（$Na_2B_4O_7 \cdot 10H_2O$ 19.05g，用蒸馏水溶至1000ml）。

储备液B：0.2mol/L氢氧化钠，（NaOH 8.0g配成1000ml）。

50ml（A）＋ $x$ml（B），稀释至 200ml。

pH	x	pH	x
9.28	0.0	9.7	29.0
9.35	7.0	9.8	34.0
9.4	11.0	9.9	38.6
9.5	17.6	10.0	43.0
9.6	23.0	10.1	46.0

九、硼酸-硼砂缓冲液

储备液 A：0.05mol/L 硼砂（$Na_2B_4O_7 \cdot 10H_2O$ 分子质量为 381.43，配制 1L 0.05mol/L 溶液需加入硼砂 19.07g）。

储备液 B：0.2mol/L 硼砂（H_3BO_3分子质量为 61.84，配制 0.2mol/L 的溶液需加入硼酸 12.37g）。

pH	A 液/ml	B 液/ml	pH	A 液/ml	B 液/ml
7.4	1.0	9.0	8.2	3.5	6.5
7.6	1.5	8.5	8.4	4.5	5.5
7.8	2.0	8.0	8.7	6.0	4.0
8.0	3.0	7.0	9.0	8.0	2.0

注：硼砂易失去结晶水，必须在带塞的瓶中保存。

十、巴比妥钠-盐酸缓冲液（18℃）

储备液 A：0.04mol/L 巴比妥钠（巴比妥钠分子质量为 206.18，配制 1L 0.04mol/L 溶液需加入巴比妥钠 8.25g）。

储备液 B：0.2mol/L HCl。

pH	A 液/ml	B 液/ml	pH	A 液/ml	B 液/ml
6.8	100	18.4	8.4	100	5.21
7.0	100	17.8	8.6	100	3.82
7.2	100	16.7	8.8	100	2.52
7.4	100	15.3	9.0	100	1.65
7.6	100	13.4	9.2	100	1.13
7.8	100	11.47	9.4	100	0.07
8.0	100	9.39	9.6	100	0.35
8.2	100	7.21			

Ⅷ 常用酸、碱指示剂

中文名	英文名	变色 pH 范围	酸性色	碱性色	质量分数 /%	溶剂	100ml 指示剂需 0.1mol/L NaOH 的量/ml
间甲酚紫	m-Cresol purple	1.2～2.8	红	黄	0.04	稀碱	1.05
麝香草酚蓝	Thy mol blue	1.2～2.8	红	黄	0.04	稀碱	0.86
溴酚蓝	Bromphenol blue	3.0～4.6	黄	紫	0.04	稀碱	0.60
甲基橙	Methyl orange	3.1～4.4	红	黄	0.02	水	—
溴甲酚绿	Bromcresol green	3.8～5.4	黄	蓝	0.04	稀碱	0.58
甲基红	Methyl red	4.2～6.2	红	黄	0.10	50%乙醇	—
氯酚红	Chlorphenol red	4.8～6.4	黄	红	0.04	稀碱	0.94
溴酚红	Bromphenol red	5.2～6.8	黄	红	0.04	稀碱	0.78
溴甲酚紫	Bromcresol purple	5.2～6.8	黄	紫	0.04	稀碱	0.74
溴麝香草酚蓝	Bromotymol blue	6.0～7.6	黄	蓝	0.04	稀碱	0.64
酚 红	Phenol red	6.4～8.2	黄	红	0.02	稀碱	1.13
中性红	Neutral red	6.8～8.0	红	黄	0.01	50%乙醇	—
甲酚红	Cresol red	7.2～8.8	黄	紫红	0.04	稀碱	1.05
间甲酚紫	m-Cresol purple	7.4～9.0	黄	紫	0.04	稀碱	1.05
麝香草酚蓝	Thymol blue	8.0～9.2	黄	蓝	0.04	稀碱	0.86
酚 酞	Phenolphthalein	8.2～10.0	无色	紫	0.10	50%乙醇	—
麝香草酚肽	Thymolphthalein	8.8～10.5	无色	紫	0.10	50%乙醇	—
茜素黄 R	Alizarin yellow R	10.0～12.1	淡黄	棕红	0.10	50%乙醇	—
金链橙 O	Tropaeolin O	11.1～12.7	黄	红棕	0.10	水	—

注：表中乙醇含量均按体积分数计。

Ⅸ 离心机转数（r/min）与离心力（*g*）的换算

将离心机转数换算为离心力时，首先在 R 标尺上取已知的半径和在 RPM 标尺上取已知的离心转数。然后，将这两点间划一直线，在图中间的 G 标尺上有一交叉点即为相应的离心力数值。注意，若已知的转数处于 r/min 标尺的右边，则应读取 G 标尺右边的数值。同样，转数值处于 r/min 标尺左边，则读取 G 标尺左边的数值。图中 R 为离心机转子的半径（cm）。若为角转子，则是最大半径与最小半径的平均值；若为甩平转子，则是离心机中轴到离心管内底的距离。

r/min 为离心机每分钟的转速，*g* 为离心力，以地心引力即重力加速度的倍数来表示，一般用 *g*（或×*g*）表示，*g* 等于 980.6dyn・cm^{-1}・s^{-2}。附图 1 是由下述公式计算而来的：

$$G=1.119\times10^{-5}\times R\times(RPM)^2$$

例：半径 8cm 的离心转子，600*g* 时，其每分钟转数为：用一直尺连接标尺（R）上的 8 和标尺（g）上 600 处，交于标尺（RPM）上的交点数值即为每分钟转数。注意：标尺（g）上左边的数值要读取标尺（RPM）相应左边读数。反之亦然。

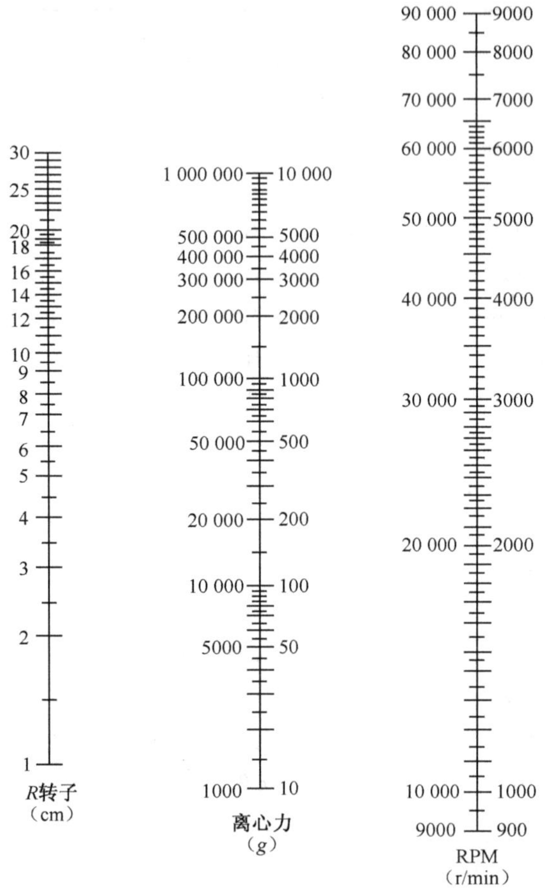

附图 1　离心机转数与离心力的换算

X　常用计量单位及其换算

量的名称及符号	单位名称及符号	非法定单位及其换算	备　注
长度 l,(L) 波长 λ	米(m) 海里(n mile) 〔=1852m〕 纳米(nm)	英尺(ft)〔=0.3048m〕 英寸(in)〔=1/12ft=2.54cm〕 码(yd)〔=3ft=0.9144m〕 市尺〔=(1/3)m〕 市里〔=500m〕 埃(Å)〔=10^{-10}m=0.1nm〕	千米(km)〔=1000m〕 百米(hm)〔=100m〕 厘米(cm)〔=0.01m〕 毫米(mm)〔=0.001m〕 微米(um)〔=10^{-6}m〕 纳米(nm)〔=10^{-9}m〕 皮米(pm)〔=10^{-12}m〕 飞米(fm)〔=10^{-15}m〕

续表

量的名称及符号	单位名称及符号	非法定单位及其换算	备　注
面积 A,(S)	平方米(m^2) 公顷(hm^2)	公亩(a)[$=100m^2$] 公顷(ha)[$=100a=10^4m^2$] 市亩[$=666.67\ m^2$] 市顷[=100 市亩$=6.67\times10^4m^2$] 英亩(acre)[$=4.047\times10^3m^2$]	平方千米(km^2)[$=10^6m^2$] 平方百米(hm^2)[$=10^4m^2$] 平方分米(dm^2)[$=10^{-2}m^2$] 平方厘米(cm^2)[$=10^{-4}m^2$] 平方毫米(mm^2)[$=10^{-6}m^2$]
体积(容积)V	立方米(m^3) 升[L,(I)][$=10^{-3}m^3$ $=1dm^2$]	英加仑(UKgal)[=4.54609L] 美加仑(USgal)[=3.78543L] 品脱(pt)[=0.56826L]	立方分米(dm^3)[$=10^{-3}m^3$] 立方厘米(cm^3)[$=10^{-6}m^3$] 立方毫米(mm^3)[$=10^{-9}m^3$] 百升(hL)[$=0.1m^3$] 厘升(cL)[$=10^{-5}m^3$] 毫升(mL)[$=10^{-6}m^3=1cm^3$]
时间 t	秒(s) 分(min)[=60s] 小时(d)[=60min] 天(d)[=24h]		
速度 u,v,w,c	米每秒($m\cdot s^{-1}$) 米每分($m\cdot min^{-1}$) 米每小时($m\cdot h^{-1}$) 千米每小时($km\cdot h^{-1}$) 千米每分钟($km\cdot$ min^{-1})		
频率 f,(v)	赫兹(Hz)[$=1s^{-1}$]	每秒(s^{-1})[=1Hz] 每分(min^{-1})[=1/60Hz] 每小时(h^{-1})[=1/3600Hz]	
转速 旋转频率 n	每秒(s^{-1}) 转每小时($r\cdot h^{-1}$) [$=(1/3600)s^{-1}$] 转每分($r\cdot min^{-1}$)[= $(1/60)s^{-1}$] 转每秒($r\cdot s^{-1}$)[= $1s^{-1}$]		
质量 m	千克(公斤)(kg) 吨(t)[=1000kg] 原子质量单位(u)[= $1.6605402\times10^{-27}kg$]	道尔顿(Da)[=1u] 磅(b)[=0.453592kg] 盎司(oz)[=28.349523g] 克拉(car)[$=2\times10^{-4}kg$] 斤[=0.5kg] 两[=50g] 担[=50kg]	克(g)[$=10^{-3}kg$] 毫克(mg)[$=10^{-3}g$] 微克(μg)[$=10^{-6}g$]

续表

量的名称及符号	单位名称及符号	非法定单位及其换算	备　注
力 F 重力 W,(P,G)	牛顿(N)[$-1kg\cdot m\cdot s^{-2}$]	达因(dyn)[$=10^{-5}N$] 千克力(kgf)[$=9.80665N$]	兆牛顿(MN)[$=10^{6}N$] 千牛顿(kN)[$=10^{3}N$] 毫牛顿(mN)[$=10^{-3}N$] 微牛顿(μN)[$=10^{-6}N$]
压力,压强,应力 ρ 渗透压 π	帕斯卡(Pa)[$=1N\cdot m^{-2}$]	巴(bar)[$=10^{5}Pa=0.1MPa$] 标准大气压(atm)[$=1.01325\times 10^{5}Pa$] 毫米汞柱(mmHg)[$=133.322Pa$]	兆帕斯卡(MPa) [$=10^{6}Pa=1N\cdot mm^{-2}$]
能量 E,(W) 功 W,(A) 热,热量 Q	焦耳(J)[$=1N\cdot m$] 千瓦特小时(kW·h) [$=3.6\times 10^{6}$] 电子伏特(eV) [$=1.60217733\times 10^{-19}J$]	卡(cal)[$=4.1868J$] 马力小时[$=2.64779\times 10^{6}J$]	
功率 P	瓦特(W)[$=1J\cdot s^{-1}$]	伏安(V·A)[$=1W$] 马力[$=735.499W$] 电工马力[$=746W$]	
电流 I	安培(A)		千安(kA)[$=10^{3}A$] 毫安(mA)[$=10^{-3}A$] 微安(μA)[$=10^{-6}A$]
电荷,电量 Q	库仑(C)[$=1A\cdot s$]		
电位(电势)V,φ 电压,电位差(电势差)U,(V)电动势 E	伏特(V)[$=1W\cdot A^{-1}$]		兆伏(MV)[$=10^{6}V$] 千伏(kV)[$=10^{3}V$] 毫伏(mV)[$=10^{-3}V$] 微伏(μV)[$=10^{-6}V$]
电场强度 E,(K)	伏特每米($v\cdot m^{-1}$) [$=1N\cdot C^{-1}$]		兆伏每米[$MV\cdot m^{-1}$] 千伏每米[$kV\cdot m^{-1}$] 毫伏每米[$mV\cdot m^{-1}$] 微伏每米[$\mu V\cdot m^{-1}$]
电容 C	法拉(F)[$=1C\cdot V^{-1}$]		
电阻 R	欧姆(Ω)[$=1V\cdot A^{-1}$]		
电导 G	西门子(S) [$=1A\cdot V^{-1}$]		
电导率 σ	西门子每米($S\cdot m^{-1}$)		
磁场强度 H	安培每米($A\cdot m^{-1}$)		
磁通量 Φ	韦伯(Wb)[$=1V\cdot s$]		
发光强度 I(I_V)	坎德拉(cd)		
光通量(Φ_v)	流明(l m)[$=1cd\cdot sr$]		sr 为立体角(Ω)单位球面度符号

续表

量的名称及符号	单位名称及符号	非法定单位及其换算	备　注
光亮度 $L(L_v)$	坎德拉每平方米($cd \cdot m^{-2}$)		
光照度 $E(E_v)$	勒克斯每平方米(lx)[$=1lx \cdot m^{-2}$]	辐透(phot)[$=10^4 lx$]	
密度(质量密度)ρ 物质B的质量浓度 ρ_B	千克每平方米($kg \cdot m^{-2}$) 千克每升($kg \cdot L^{-1}$)	磅每立方英尺($lb \cdot ft^{-3}$) [$=16.0185kg \cdot m^{-3}$]	克每立方厘米($g \cdot cm^{-3}$) 克每升($g \cdot L^{-1}$) 毫克每升($mg \cdot L^{-1}$) 微克每升($\mu g \cdot L^{-1}$) 纳克每升($ng \cdot L^{-1}$)
热力学温度 T 摄氏温度 t	开尔文(K) 摄氏度(℃) [K=℃+273.15]	华氏度(℉) [K=5/9(℉+459.67)]	
热容 C	焦耳每开尔文($J \cdot K^{-1}$)		
热导率 λ(k)	瓦特每米开尔文 ($W \cdot m^{-1} \cdot K^{-1}$)		
比热容 c	焦耳每千克开尔文 ($J \cdot kg^{-1} \cdot K^{-1}$)		
比能 e(w)	焦耳每千克($J \cdot kg^{-1}$)		
吸收剂量 D	戈瑞(Gy)[$=1 J \cdot kg^{-1}=1m^2 \cdot s^{-2}$]	拉德[rad(rd)][=0.01Gy]	
剂量当量 H	希沃特(Sv)[$=1 J \cdot kg^{-1}=1m^2 \cdot s^{-2}$]	雷姆[rem][$=10^{-2}Sv$]	
照射量 X	库仑每千克($C \cdot kg^{-1}$)	伦琴(R)[$=2.58 \times 10^4 C \cdot kg^{-1}$]	
放射性活度 A	贝可勒尔(Bq)[$=1s^{-1}$]	居里(Ci)[$=3.7 \times 10^{10}Bq$]	旧称放射性强度、放射性